第十六届

中国土木工程詹天佑奖

获奖工程集锦

郭允冲 主编

中国土木工程学会
北京詹天佑土木工程科学技术发展基金会

中国建筑工业出版社

中国土木工程詹天佑奖由中国土木工程学会和北

立，是经国家批准、住房城乡建设部认定、科技部首批

交通运输部、水利部、中国铁路总公司（原铁道部）、

极参与，已经成为我国土木工程建设领域科技创新的最

了积极作用。

京詹天佑土木工程科学技术发展基金会于1999年联合设

核准的科技奖励项目，得到科技部、住房城乡建设部、

中国科学技术协会以及行业内有关单位的大力支持和积

高奖项，为促进我国土木工程科学技术的繁荣发展发挥

《第十六届中国土木工程詹天佑奖获奖工程集锦》编委会

主　　编：郭允冲

副 主 编：冯正霖　卢春房　李明安

编　　辑：程　莹　薛晶晶　董海军

詹天佑大奖指导委员会名单

中国土木工程詹天佑奖指导委员会

主　　任：郭允冲　中国土木工程学会理事长、住房城乡建设部原副部长

副 主 任：冯正霖　交通运输部副部长、中国民用航空局局长

　　　　　卢春房　中国铁路总公司原副总经理、中国铁道学会理事长、中国工程院院士

委　　员：李明安　中国土木工程学会秘书长

　　　　　何华武　中国工程院副院长、中国科学技术协会副主席、中国工程院院士

　　　　　周海涛　交通运输部原总工程师（公路）

　　　　　徐　光　交通运输部原总工程师（水路）

　　　　　李如生　住房城乡建设部工程质量安全监管司司长

　　　　　孙继昌　水利部建设与管理司原司长、中国水利工程协会会长

　　　　　刘正光　香港工程师学会原主席

前言

詹天佑土木工程科学技术奖

第十六届中国土木工程詹天佑奖获奖工程集锦

土木工程是一门与人类历史共生并存、集人类智慧之大成的综合性应用学科，它源自人类生存的基本需要，转而渗透到了国计民生的方方面面，在国民经济和社会发展中占有重要的地位。如今，一个国家的土木工程技术水平，已经成为衡量其综合国力的一个重要内容。

“科技创新，与时俱进”，是振兴中华的必由之路，是保证我们国家永远立于世界民族之林的关键。同其他科学技术一样，土木工程技术也是一门需要随着时代进步而不断创新的学科，在我们中华民族为之骄傲的悠久历史上，土木建筑曾有过举世瞩目的辉煌！在改革开放的今天，现代化进程为中华大地带来了日新月异的变化，国民经济发展迅猛，基础建设规模空前，我国先后建成了一大批具有国际水平的重大工程项目。这无疑为我国土木工程技术的发展与应用提供了无比广阔的空间，同时，也为工程建设者们施展才能提供了绝妙的机会。可是我们不能忘记，机遇与挑战并存，要想准确地把握机遇，我们必须拥有推陈出新的理念和自主创新的成就，只有这样，我们才能在强手如林的国际化竞争中立于不败之地，不辜负时代和国家寄予我们的厚望。

为了贯彻国家关于建立科技创新体制和建设创新型国家的战略部署，积极倡导土木工程领域科技应用和科技创新的意识，中国土木工程学会与北京詹天佑土木工程科学技术发展基金会专门设立了“中国土木工程詹天佑奖”，以奖励和表彰在科技创新特别是自主创新方面成绩卓著的优秀项目，树立科技领先的样板工程，并力图达到以点带面的目的。自1999年开始，迄今已评奖16届，共计463项工程获此殊荣。

詹天佑大奖是经住房城乡建设部审定（建办[2001] 38号和[2005] 79号文）并得到交通运输部、水利部、中国铁路总公司等鼎力支持的全国建设系统的主要奖励项目；同时也是由科技部核准的全国科技奖励项目之一（国科奖社证字第14号）。

为了扩大宣传，促进交流，我们编撰出版了这部《第十六届中国土木工程詹天佑奖获奖工程集锦》大型图集，对第十六届的29项获奖工程作了简要介绍，并配发了具有代表性的图片，以助读者更为直观地领略获奖工程的精华之所在。另外，我们也想借助这本图集的发行，赢得广大工程界的朋友对“詹天佑大奖”更进一步的了解、支持和参与，希望通过我们的共同努力，使这一奖项更具创新性、先进性和权威性。

由于编印时间仓促，疏漏之处在所难免，敬请批评指正。

本图集主要是根据第十六届詹天佑大奖申报资料中的照片和说明以及部分获奖单位提供的获奖工程照片选编而成。谨此，向为本图集提供资料及图片的获奖单位表示诚挚的谢意。

目录

获奖工程及获奖单位名单

深圳平安金融中心 1

（推荐单位：中国建筑集团有限公司）

中建一局集团建设发展有限公司
深圳平安金融中心建设发展有限公司
悉地国际设计顾问（深圳）有限公司
上海市建设工程监理咨询有限公司
中建钢构有限公司
中建三局第二建设工程有限责任公司
中建安装工程有限公司
深圳市勘察测绘院有限公司

上海自然博物馆（上海科技馆分馆） 2

（推荐单位：中国土木工程学会总工程师工作委员会）

上海建工集团股份有限公司
上海科技馆
同济大学建筑设计研究院（集团）有限公司
上海建工二建集团有限公司
上海市机械施工集团有限公司
上海市安装工程集团有限公司

杭州国际博览中心 3

（推荐单位：中国建筑集团有限公司）

中国建筑第八工程局有限公司
北京市建筑设计研究院有限公司
杭州市建筑设计研究院有限公司
浙江亚厦装饰股份有限公司
苏州金螳螂建筑装饰股份有限公司
中建安装工程有限公司
杭州市设备安装有限公司
浙江省工业设备安装集团有限公司
中建八局装饰工程有限公司

上海北外滩白玉兰广场 4

（推荐单位：上海市土木工程学会）

上海建工一建集团有限公司
华东建筑设计研究院有限公司
上海金港北外滩置业有限公司
上海市建设工程监理咨询有限公司
上海建工机械施工集团有限公司
上海一建建筑装饰有限公司
豪尔赛科技集团股份有限公司

苏州现代传媒广场 5

（推荐单位：江苏省土木建筑学会）

中亿丰建设集团股份有限公司
中衡设计集团股份有限公司
苏州市广播电视总台
浙江东南网架股份有限公司

北京奥林匹克公园瞭望塔工程 6

（推荐单位：北京市建筑业联合会）

北京建工集团有限责任公司
中国建筑设计研究院有限公司
北京世奥森林公园开发经营有限公司
北京市设备安装工程集团有限公司
江苏沪宁钢机股份有限公司

四川合江长江一桥（波司登大桥） 7

（推荐单位：中国土木工程学会桥梁及结构工程分会）

广西路桥工程集团有限公司
四川省交通运输厅公路规划勘察设计研究院
泸州东南高速公路发展有限公司
中铁二院（成都）咨询监理有限责任公司
广西大学

重庆东水门长江大桥、千厮门嘉陵江大桥 8

（推荐单位：重庆市土木建筑学会）

招商局重庆交通科研设计院有限公司
重庆市城市建设投资（集团）有限公司
林同棪国际工程咨询（中国）有限公司
中国船级社实业公司
中铁大桥局集团有限公司
中交第二航务工程局有限公司
重庆万桥交通科技发展有限公司

长沙西北上行联络线特大桥 9

（推荐单位：山西省土木建筑学会）

中铁三局集团有限公司
中铁三局集团桥隧工程有限公司
沪昆铁路客运专线湖南有限责任公司
中铁第四勘察设计院集团有限公司
柳州欧维姆机械股份有限公司

合肥至福州铁路 10

（推荐单位：中国铁道工程建设协会）

中铁第四勘察设计院集团有限公司
京福闽赣铁路客运专线有限公司
京福客运专线安徽有限责任公司
中铁十一局集团有限公司
中铁隧道局集团有限公司
中铁四局集团有限公司
中国铁建大桥工程局集团有限公司

获奖工程及获奖单位名单

中铁十九局集团有限公司
中铁二局集团有限公司
中铁大桥局集团有限公司

10

新建铁路大同至西安客运专线工程（太原南—西安北）

（推荐单位：中国铁道工程建设协会）

中铁十二局集团有限公司
大西铁路客运专线有限责任公司
中国铁路设计集团有限公司
中铁第一勘察设计院集团有限公司
中铁上海工程局集团有限公司
中铁三局集团有限公司
中铁十一局集团有限公司
中国铁建电气化局集团有限公司
中铁二十一局集团有限公司
中铁二局集团有限公司

11

海南环岛高铁

（推荐单位：中国铁道工程建设协会）

海南铁路有限公司
中铁二院工程集团有限责任公司
中铁三局集团有限公司
中铁四局集团有限公司
中铁七局集团有限公司
中铁十七局集团有限公司
中铁二十一局集团有限公司
中铁电气化局集团有限公司
中铁建设集团有限公司
中国铁路通信信号股份有限公司

12

长沙市营盘路湘江隧道工程

（推荐单位：中国土木工程学会隧道及地下工程分会）

中铁隧道局集团有限公司
长沙市轨道交通集团有限公司
中铁第六勘察设计院集团有限公司
重庆中宇工程咨询监理有限责任公司
长沙华南土木工程监理有限公司

13

香港中环湾仔绕道铜锣湾避风塘隧道工程

（推荐单位：中国建筑集团有限公司）

中国建筑国际集团有限公司
香港特别行政区政府路政署
艾奕康有限公司

14

乌兹别克斯坦安革连至琶布铁路卡姆奇克隧道工程

（推荐单位：中国土木工程学会隧道及地下工程分会）

中铁隧道局集团有限公司
中铁第六勘察设计院集团有限公司

15

伊春至绥化高速公路

（推荐单位：中国公路学会）

黑龙江省公路勘察设计院
中交一公局第七工程有限公司
龙建路桥股份有限公司
黑龙江省公路工程监理咨询公司
黑龙江省远升公路工程咨询监理有限责任公司
中铁十一局集团第五工程有限公司
中铁十九局集团第三工程有限公司
黑龙江农垦建工路桥有限公司
浙江交工集团股份有限公司
中交一公局集团有限公司

16

云南澜沧江小湾水电站

（推荐单位：中国大坝工程学会）

华能澜沧江水电股份有限公司
中国电建集团昆明勘测设计研究院有限公司
中国水利水电第四工程局有限公司
中国葛洲坝集团股份有限公司
北京中水科海利工程技术有限公司
中国水利水电建设工程咨询西北有限公司
浙江华东工程咨询有限公司
中国水利水电第八工程局有限公司
中国水利水电第十四工程局有限公司
中国水利水电第一工程局有限公司

17

四川雅砻江锦屏二级水电站

（推荐单位：中国大坝工程学会）

雅砻江流域水电开发有限公司
中国电建集团华东勘测设计研究院有限公司
中铁十八局集团有限公司
中国铁建大桥工程局集团有限公司
北京振冲工程股份有限公司
中国水利水电第七工程局有限公司
四川二滩国际工程咨询有限责任公司
中国葛洲坝集团股份有限公司
中国水利水电第五工程局有限公司
中铁二局工程有限公司

18

连云港港 30 万吨级航道一期工程

（推荐单位：中国交通建设股份有限公司）

连云港港30万吨级航道建设指挥部
中交上海航道局有限公司
中交上海航道勘察设计研究院有限公司
中交第三航务工程局有限公司
连云港港务工程公司

19

获奖工程及获奖单位名单

连云港科谊工程建设咨询有限公司 19

沙特达曼 SGP 集装箱码头一期工程 20

（推荐单位：中国土木工程学会港口工程分会）

中国港湾工程有限责任公司

中交水运规划设计院有限公司

中交第二航务工程局有限公司

上海市轨道交通 11 号线工程 21

（推荐单位：上海市土木工程学会）

上海轨道交通申嘉线发展有限公司

上海市城市建设设计研究总院(集团)有限公司

中国铁路设计集团有限公司

上海公路桥梁（集团）有限公司

上海隧道工程有限公司

上海市机械施工集团有限公司

上海建工五建集团有限公司

中铁四局集团电气化工程有限公司

中铁上海工程局集团有限公司

上海建工一建集团有限公司

深圳市轨道交通 7 号线工程 22

（推荐单位：中国土木工程学会轨道交通分会）

中国电建集团铁路建设有限公司

深圳市地铁集团有限公司

中国铁路设计集团有限公司

北京城建设计发展集团股份有限公司

中国水利水电第四工程局有限公司

中国水利水电第七工程局有限公司

中国水利水电第八工程局有限公司

中国水利水电第十一工程局有限公司

中国电建市政建设集团有限公司

中国水利水电第十四工程局有限公司

长沙磁浮快线工程 23

（推荐单位：中国土木工程学会轨道交通分会）

湖南磁浮交通发展股份有限公司

中铁第四勘察设计院集团有限公司

长沙市轨道交通集团有限公司

中国铁建股份有限公司

中车株洲电力机车有限公司

中铁二院工程集团有限责任公司

株洲中车时代电气股份有限公司

中铁宝桥集团有限公司

中国铁道科学研究院集团有限公司

深圳福田站综合交通枢纽 24

（推荐单位：中国铁道建筑有限公司）

中铁第四勘察设计院集团有限公司

广深港客运专线有限责任公司

深圳市地铁集团有限公司

深圳大学建筑设计研究院有限公司

中铁十五局集团有限公司

中铁十六局集团有限公司

深圳市城市交通规划研究中心有限公司

深圳市城市规划设计研究院有限公司

湖南建工集团装饰工程有限公司

中国 - 中亚天然气管道工程 25

（推荐单位：中国土木工程学会燃气分会）

中国石油管道局工程有限公司

中油国际管道有限公司

上海市白龙港城市污水处理厂污泥处理工程 26

（推荐单位：中国土木工程学会市政工程分会）

上海市政工程设计研究总院（集团）有限公司

上海市城市排水有限公司

中铁上海局集团市政工程有限公司

上海城投污水处理有限公司

广州市中山大道快速公交（BRT）试验线工程 27

（推荐单位：中国土木工程学会市政工程分会）

广州市市政工程设计研究总院有限公司

广州地铁设计研究院有限公司

广州市中心区交通项目领导小组办公室

广州市第一市政工程有限公司

江苏惠民交通设备有限公司

上海市大型居住社区周康航拓展基地 C-04-01 地块动迁安置房项目 28

（推荐单位：中国土木工程学会住宅工程指导工作委员会）

上海建工房产有限公司

上海建工二建集团有限公司

上海市建工设计研究总院有限公司

上海市工程建设咨询监理有限公司

上海建工材料工程有限公司

“彰泰·第六园”商住小区 29

（推荐单位：中国土木工程学会住宅工程指导工作委员会）

广西建工集团第四建筑工程有限责任公司

桂林合创建设投资有限公司 桂林市建筑设计研究院 桂林华泰工程监理有限公司	29

中国文昌航天发射场工程

（推荐单位：中国土木工程学会防护工程分会）

总装备部078工程指挥部 中铁十二局集团有限公司 航天工程研究所 中国人民解放军63926部队 中国建筑第八工程局有限公司 正太集团有限公司 成都建工工业设备安装有限公司 北京北特圣迪科技发展有限公司 广州建筑股份有限公司 上海沪能防腐隔热工程技术有限公司	30

中国土木工程詹天佑奖简介

一、为贯彻国家科技创新战略，提高工程建设水平，促进先进科技成果应用于工程实践，创造出优秀的土木建筑工程，特设立中国土木工程詹天佑奖。本奖项旨在奖励和表彰我国在科技创新和科技应用方面成绩显著的优秀土木工程建设项目。本奖项评选要充分体现"创新性"（获奖工程在规划、勘察、设计、施工及管理等技术方面应有显著的创造性和较高的科技含量）、"先进性"（反映当今我国同类工程中的最高水平）、"权威性"（学会与政府主管部门之间协同推荐与遴选）。

本奖项是我国土木工程界面向工程项目的最高荣誉奖，由中国土木工程学会和北京詹天佑土木工程科学技术发展基金会颁发，在住房城乡建设部、交通运输部、水利部及中国铁路总公司等建设主管部门的支持与指导下进行。

本奖自第三届开始每年评选一次，每次评选获奖工程一般不超过30项。

二、本奖项隶属于"詹天佑土木工程科学技术奖"（2001年3月经国家科技奖励工作办公室首批核准，国科准字001号文），住房城乡建设部认定为建设系统的三个主要评比奖励项目之一（建办38号文）。

三、本奖项评选范围包括下列各类工程：

1. 建筑工程（含高层建筑、大跨度公共建筑、工业建筑、住宅小区工程等）；

2. 桥梁工程（含公路、铁路及城市桥梁）；

3. 铁路工程；

4. 隧道及地下工程、岩土工程；

5. 公路及场道工程；

6. 水利、水电工程；

7. 水运、港工及海洋工程；

8. 城市公共交通工程（含轨道交通工程）；

第十五届中国土木工

科技部颁发奖项证书

获奖代表领奖

第十六届评审大会

9．市政工程（含给水排水、燃气热力工程）；

10．特种工程（含军工工程）。

申报本奖项的单位必须是中国土木工程学会团体会员。申报本奖项的工程需具备下列条件：

1．必须在规划、勘察、设计、施工以及工程管理等方面有所创新和突破（尤其是自主创新），整体水平达到国内同类工程领先水平；

2．必须突出体现应用先进的科学技术成果，有较高的科技含量，本行业内具有较大的规模和代表性；

3．必须贯彻执行"安全、适用、经济、绿色、美观"的建筑方针，突出工程质量安全、使用功能以及节能、节水、节地、节材和环境保护等可持续发展理念；

4．工程质量必须达到优质工程；

5．必须通过竣工验收。对建筑、市政等实行一次性竣工验收的工程，必须是已经完成竣工验收并经过一年以上使用核验的工程；对铁路、公路、港口、水利等实行"交工验收或初验"与"正式竣工验收"两阶段验收的工程，必须是已经完成"正式竣工验收"的工程。

四、詹天佑大奖采取"推荐制"，根据本奖项的评选工程范围和标准，由建设、交通、水利、铁道等有关部委主管部门、各地方学会、学会专业分会、业内大型央企及受委托的学（协）会提名推荐参选工程；在推荐单位同意推荐的条件下，由参选工程的主要完成单位共同协商填报"参选工程申报书"和有关申报材料；经詹天佑大奖评选委员会进行遴选，提出候选工程；召开詹天佑大奖评选委员会与指导委员会联席会议，确定最终获奖工程。

詹天佑大奖的评审由"詹天佑大奖评选委员会"组织进行，评选委员会由各专业的土木工程资深专家组成。詹天佑大奖指导委员会负责工程评选的指导和监督，詹天佑大奖指导委员会由住房城乡建设部、交通运输部、水利部、中国铁路总公司（原铁道部）等有关部门以及中国土木工程学会和北京詹天佑土木工程科学技术发展基金会的领导组成。

五、在评奖年度组织召开颁奖大会，对获奖工程的主要参建单位授予"詹天佑"奖杯、奖牌和荣誉证书，并统一组织在相关媒体上进行获奖工程展示。

程 詹 天 佑 奖 颁 奖 大 会

2018年6月 北京

科技部、住房城乡建设部、交通运输部、水利部、中国铁路总公司、中国科学技术协会等部委领导与获奖代表合影

深圳平安金融中心

（推荐单位：中国建筑集团有限公司）

平安金融中心东侧立面

一、工程概况

该工程位于深圳市福田中心区1号地块，是一幢以甲级写字楼为主的超高层建筑，总建筑面积459187m^2，由主塔楼、商业裙楼和5层整体地下室组成。主塔楼地上118层（600m），是世界第四、中国第二高楼；濒临南海、台风频发，外立面采取对称、锥形、针状向上延伸，可减少32%倾覆力矩和35%风荷载。结构创新性采用“巨柱-核心筒-外伸臂”抗侧力体系；核心筒为钢骨-劲性混凝土，外框为8根巨型钢骨混凝土柱（6525mm×3200mm），单柱单桩承载力高达70万kN，整体用钢量超过10万t，C70/C60高强混凝土16.5万m^3。

工程于2009年12月3日开工建设，2016年11月30日竣工，总投资95亿元。

二、科技创新与新技术应用

1．创新采用的巨型框架-核心筒结构以其显著的适用优势，成为国内、外超高层结构体系的主流。尤其是巨柱下8m大桩的结构直接受力，大大减小了底板的厚度，技术创新引领作用明显，经济效益显著。

2．针对超高层测量累积误差大，率先自主研发了基于北斗系统的高精度变形监测技术，实现了600m超高层建筑平面2mm/高程4mm的测控精度，提高了超高层测量精度。

3．针对超高层混凝土核心筒结构复杂、多次收分，研制了多点小吨位连续变截面同步液压爬升模架体系，实现了水平分段流水施工，大幅度节约劳动力及资源投入。

4．高强混凝土超高泵送技术的突破，实现C100混凝土模拟千米高程泵送。

5．建立了超高层建筑内筒、外框竖向高程差异补偿预测控制技术。研发分析预控软件1套，实现了精确预测内筒与外框竖向差异变形，解决了超高层施工这一关键的变形差异补偿预测控制等数十项难题，保证工程建造、提高施工效率、确保工程质量。

6．针对在-33m超深且紧邻地铁的基坑内二次开挖9.5m超大桩，研发了极端复杂环境下的毫米微变形控制技术，实现环境变形＜4mm，柱下单桩工后沉降＜25mm。

7．针对600m超高塔楼摆动大、舒适性差的难题，在塔顶设2台大质量主动调谐式阻尼器（HMD），单体重400t，实现20%的减振效果。

8．针对铸钢件厚200mm、单个节点重202t的超高层重型钢结构，通过虚拟预拼装、双机抬吊、塔冠倒装等施工方式，创新采用正反交替的单面坡口、分段倒退等焊接技术，成功解决了钢结构形式复杂、截面大且异形的施工难题。

9．针对外立面美观、耐久、易维护的要求，创新采用高耐腐蚀性能316L不锈钢幕墙。在深圳濒海环境中，可保持外观一百年不变，成为全球最大不锈钢外立面（1700t）的摩天大楼。

三、获奖情况

1．2017年度美国绿色建筑委员会 LEED-CS金级认证；

2．“大掺量矿物掺合料在大体积混凝土中的作用机理及其工程应用”获得2015年度华夏建设科学技术奖一等奖；

3．2016年度广东省建筑业协会广东省建设工程优质结构奖；

4．2015年度深圳建筑业协会深圳市优质结构工程奖；

5．2018年度深圳建筑业协会深圳市优质工程金牛奖；

6．2017年度中国建筑金属结构协会中国钢结构金奖。

首层西侧办公大堂入口

首层大堂内景

裙楼商业中庭

夜景

空中大堂

电梯厅

上海自然博物馆（上海科技馆分馆）

（推荐单位：中国土木工程学会总工程师工作委员会）

上海自然博物馆航拍全景

一、工程概况

该工程位于上海市静安雕塑公园内，设计灵感来源于活化石“鹦鹉螺”的壳体结构，盘旋而上的绿植屋面从公园内冉冉升起，静动有致的建筑宛如一只“绿螺”。整个建筑设计树立了生态、节能、减废、健康的绿色目标，从形式到内质都体现出“生于自然，融于自然，还于自然”的绿色精神。

博物馆总基地面积28092m^2，建筑面积45086m^2，地上三层、地下二层，建筑高度18m，基坑工程包含地铁13号线自然博物馆站及静安60#地块，是上海市中心唯一处于公园之中的市级博物馆，其建设规模、展品存量、展示手段、内外部条件处于国内三大自然博物馆的前列。

自然博物馆在自身场馆设计上集成与博物馆建筑特点相适应的生态节能技术，成为绿色、生态、节能、智能建筑的典范。项目通过十二大生态节能技术体系实现上述目标：建筑节能幕墙、绿化隔热外墙及绿化屋面一体化、地源热泵技术、热回收技术、太阳能综合利用、自然通风策略、自然光导光技术、雨水回收系统、绿色照明、绿色建材、生态节能集控管理平台、全寿命研究平台。

工程于2009年9月1日开工建设，2014年5月30日竣工，总投资20.16亿元。

二、科技创新与新技术应用

1．通过不断研究和创新，形成了复合群坑施工成套技术，并提出了“源头控制、路径隔断、对象保护”的基坑变形综合控制理念，最大限度地减小地下工程建造过程中对城市带来的不利影响。项目科研成果《超大型复杂环境软土深基坑工程创新技术及其应用》获上海市科学技术奖一等奖，查新显示技术达国际先进。

2．通过绿化隔热外墙及绿化屋面一体化、地源热泵技术、生态节能集控管理平台等十二大生态节能技术体系，在公共建筑的绿色建筑创新方面取得了突出成果：先后获得LEED金奖、三星级绿色建筑评价标识、全国优秀工程设计绿色建筑一等奖、全国绿色建筑创新奖一等奖等奖项。使项目成为绿色生态、节能、智能建筑的典范。

3．针对本工程钢结构要兼顾结构性承载和勾勒建筑造型的艺术钢这一特点进行攻关，使矩形杆件多杆交汇而成的异型网壳结构从深化设计、加工制作、产品检测到现场安装一系列的技术难题的解决，完全自主化。

4．工程研究应用了大面积异形清水混凝土技术、解决大空间各类管线碰撞的管线综合布置技术、针对博物馆对温湿度、空气洁净度、振动、噪声的特殊要求的精密空调技术等。

三、获奖情况

1．“超大型复杂环境软土深基坑工程创新技术及其应用”获得2012年度上海市科学技术一等奖；

2．2017年度中华人民共和国住房和城乡建设部全国绿色建筑创新奖一等奖；

3．2017年度中国勘察设计行业协会全国优秀工程勘察设计行业奖优秀绿色建筑工程设计一等奖、优秀水系统工程一等奖、优秀建筑工程设计二等奖；

4．2015年度上海市勘察设计行业协会优秀工程设计一等奖；

5．2014～2015年度中国建筑业协会中国建设工程鲁班奖；

6．2014年度上海市建筑施工行业协会上海市建设工程“白玉兰”奖（市优质工程）。

上海自然博物馆外景

钢结构“细胞壁”外景

绿化隔热外墙及屋顶绿化系统一体化

室外水体景观

圆弧清水墙及清水混凝土柱

屋面高效透光单晶硅光伏发电板

屋面光导管

地源热泵系统

杭州国际博览中心

（推荐单位：中国建筑集团有限公司）

一、工程概况

杭州国际博览中心，位于美丽的钱塘江畔，是全球瞩目的2016年G20峰会主会场，是中国走向世界舞台中央的历史性建筑，是中国向世界彰显大国风范、展现开放与包容的重要窗口和载体。工程总建筑面积85万m^2，建筑最大高度99.95m，是同期亚洲第一大、世界第三大单体建筑。地下2层，地上裙房3层，上盖3栋物业塔楼，地基基础采用桩筏基础，主体结构为混凝土框架剪力墙+钢结构。

工程设计新颖，庄重宏伟，大气磅礴。回声抑制和噪声监测技术首次在国内展馆建筑中综合应用，极大提高了展厅广播语言清晰度，确保观展受众的舒适性。燃气辐射采暖技术首次在展馆类建筑中大面积安全应用，解决了传统对流采暖造成的热空气集聚上部的弊端。6.4万m^2屋顶花园采用"海绵城市"理念，形成一套可循环的水生态系统，将传统园林艺术与屋面构筑物完美融合。

工程自交付使用以来，先后举办了G20杭州峰会及国际超大型展会73场次，与会观展和旅游人员累计达500万人次。在国内外产生了广泛影响，各方非常满意，取得了显著的经济和社会效益。

工程于2009年12月1日开工建设，2016年4月30日竣工，总投资148亿元。

杭州国际博览中心——西南角俯视全景

二、科技创新与新技术应用

1. 针对单体规模超大，研发了基于BIM＋VR的综合信息化管理技术，对项目实施主体结构、机电系统与室内装修装饰的统一管理。

2. 针对G20主会场精装修与机电工程品质高工期紧，研发了具有传统文化装饰特点的成品化设计、模块化制作与标准装配式安装技术，研发应用了逆向吊顶安装施工工艺。

3. 针对550m超长混凝土结构裂缝控制难题，研发了混凝土早期收缩测量方法，形成"跳仓组合流水递推施工技术"。

4. 针对建筑外饰飘带钢结构体量大、造型复杂，研制出可调式网架拼装胎架，设计出"树形"支撑系统，研发便卸式鼓形节点专用吊装夹具。

5. 针对屋顶山水园林面积大（6万m^2）、防水要求高，研发应用了屋盖顶板上皮带廊输送土方技术，研发出超厚复杂种植土屋面防水的标准控制技术。

6. 项目积极开展技术应用、研发与创新，推广应用《建筑业10项新技术》10大项27子项，自主创新技术10项，通过了中建总公司科技推广示范工程验收，达到国内领先水平；授权专利48项（发明8项），国家级工法1项，省部级工法8项，发表论文30篇；形成的《杭州国际博览中心综合施工技术》，经鉴定，整体达国际先进水平，其中4项关键技术达国际领先水平。

三、获奖情况

1. 2017年度浙江省住房和城乡建设厅、浙江省勘察设计行业协会浙江省建设工程钱江杯奖（优秀勘察设计）综合工程一等奖、专项工程一等奖；

2．2016～2017年度中国建筑业协会中国建设工程鲁班奖；

3．2017年度浙江省住房和城乡建设厅、浙江省建筑业行业协会、浙江省工程建设质量管理协会浙江省建设工程钱江杯奖（优质工程）；

4．2014年度中国建筑金属结构协会中国钢结构金奖。

杭州国际博览中心——G20杭州峰会主会场

杭州国际博览中心——午宴厅

杭州峰会
MMIT

杭州国际博览中心——西侧鸟瞰

杭州国际博览中心——东侧鸟瞰

杭州国际博览中心——接见厅

杭州国际博览中心——落客平台

杭州国际博览中心——钢飘带网架

上海北外滩白玉兰广场

（推荐单位：上海市土木工程学会）

北外滩白玉兰广场南立面

一、工程概况

北外滩白玉兰广场位于上海市北外滩滨江地区。为沿黄浦江的地标性建筑及浦西最具标志性的第一高楼。项目包括一座66层高320m的办公塔楼，并于顶部设置了上海最高的直升机停机坪；一座39层高171.7m的酒店塔楼和一座展馆及配套裙楼。地下室共4层，总建筑面积近42万m^2。项目桩基采用钻孔灌注桩，塔楼结构为钢框架-混凝土核心筒结构体系，裙房为钢框架结构，地下室为框架结构。

北外滩白玉兰广场是一个由五星级酒店、高智能化甲级办公楼和复合型商业组成的超大规模的超高层建筑群，为集餐饮、零售、娱乐、宴会、展览等为一体的综合体，为已建成的“浦西第一高楼”，成为上海北外滩的新地标项目，带动了该地区形成新的上海CBD核心环。

工程于2009年6月开工建设，2016年12月竣工，总投资130亿元。

二、科技创新与新技术应用

1. 主塔楼的设计灵感来源于上海市花白玉兰花。裙房建筑借鉴了河谷的流线型，寓意了上海的黄浦江和苏州河。河谷流线在建筑中转化为变化的三维曲面空间、自由平面及自由立面。多元化的建筑形式及曲线造型体现了设计的艺术及创新。

2. 研发的钢柱筒架交替支撑整体爬升钢平台模架装备在本工程得到首次运用，该技术获得国家技术发明二等奖。

3. 创新研发了超深超大基坑分区施工技术、主楼顺作裙房逆作施工技术达到了工期最短、环境保护最佳的综合目标。

4. 低水化热、低收缩混凝土制备及超厚超大体积混凝土施工成套技术，实现超厚大体积混凝土一次连续浇筑。

5. 阻燃型组合式整体提升脚手架体系，实现了超高层施工的全方位安全防护。

6. 基坑围护体系设计分为八个区域采用分区顺、逆结合的方案。周边采用两墙合一地下连续墙作为基坑周边围护结构，裙楼区域逆作梁板结构作为水平支撑等，减少对周边环境的干扰，并节省造价。

三、获奖情况

1. 2012年度美国绿色建筑委员会LEED金奖认证；

2. “新型内置液压动力模块化整体钢平台模架装备技术及应用”获得2015年度国家技术发明二等奖；

3. “超高结构建造交替支撑液压驱动全封闭整体钢平台模架装备技术”获得2014年度上海市技术发明一等奖；

4. “超大型复杂环境软土深基坑工程创新技术及其应用”、“深大地下工程抗浮新技术及应用”、“超深等厚度水泥土搅拌墙成套施工装备与技术研发及应用”分别获得2012年度、2014年度、2015年度上海市科技进步一等奖；

5. 2017年度上海市勘察设计行业协会上海市优秀设计工程奖；

6. 2016～2017年度中国建筑业协会中国建设工程鲁班奖；

7. 2016年度上海市建筑施工行业协会上海市建设工程“白玉兰”奖（市优质工程）；

8. 2017年度中国建筑金属结构协会中国钢结构金奖。

北外滩白玉兰广场东立面

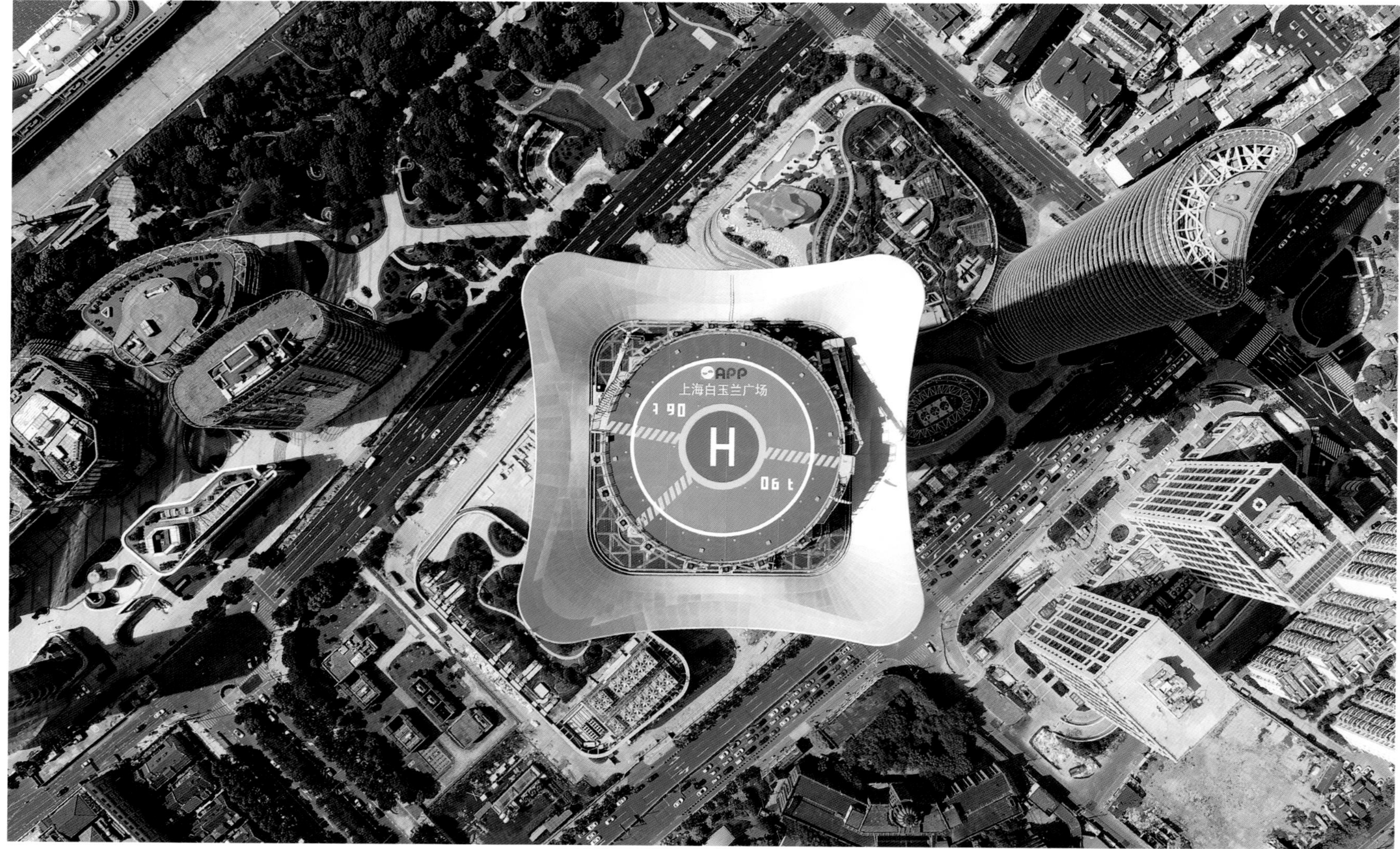

办公楼顶停机坪

浦西新天际线

主广场

苏州现代传媒广场

（推荐单位：江苏省土木建筑学会）

全景

一、工程概况

苏州现代传媒广场，一座代表着苏州千年城市文化的建筑新地标，位于苏州工业园区金鸡湖东，总建筑面积33万m^2，地下3层，地上43层，建筑高度214.8m，由两幢L形双子塔楼组成，集媒体演播、市民活动及酒店办公为一体的绿色、科技、人文城市综合体。

建筑师以国际化建筑语言诠释苏州文化精髓，创新运用玻璃、金属、石材等现代元素演绎粉墙、黛瓦、窗棂、丝绸的古城印象，体现了“传统与创造”的有机融合；基于“绿色新建筑”理念，结构设计重点围绕本工程演播、办公、市民活动等不同功能特征需要，按“适用、经济、绿色”理念，协调运用“核心筒-钢框架、全钢结构、框架劲性结构、预应力结构”等多种适用结构体系；系统性集成运用“外遮阳、热回收、光伏玻璃、呼吸式幕墙、风向诱导、雨水回用”等节能技术，实现建筑绿色高效运营。

工程于2012年7月2日开工建设，2015年7月27日竣工，总投资25.36亿元。

二、科技创新与新技术应用

1. 研发了“跨沉降缝钢桁架附加应力消除安装法”，成功解决了巨型桁架结构连接体两端不均匀沉降引起的附加变形施工难题。

2. 研创了“带开洞钢板的组合桁架新型结构体系、交叉张弦钢楼梯新结构体系”，成功解决了建筑使用功能上的难题。

3. 采用“悬链状钢屋盖超大高差轨道（40.75m）累积滑移安装法”，成功解决了超大弧长柔性悬链状钢屋盖安装难题。

4. 运用“高空曲面网壳全过程数字建造技术”，有效解决了网壳单元制作、安装过程误差累积等技术难题。

5. 研创了“带隔震铅芯支座预应力钢结构天幕体系”，扩展了隔震铅芯支座的应用范围。

6. 系统运用“外遮阳、热回收、太阳能光伏玻璃、呼吸式幕墙、风向诱导、雨水回用”等多项节能技术，实现综合性能源智慧管理模式。

三、获奖情况

1. “现代传媒复杂钢结构综合体（苏州传媒）建造关键技术创新与应用”获得2017年度华夏建设科学技术奖一等奖；

2. 2017年度江苏省住房城乡建设厅城乡建设系统优秀勘察设计一等奖；

3. 2016～2017年度中国建筑业协会中国建设工程鲁班奖；

4. 2016年度江苏省住房和城乡建设厅江苏省“扬子杯”优质工程奖；

5. 2015年度中国建筑金属结构协会中国钢结构金奖；

6. 2015年度中国钢结构协会年度经典钢结构工程；

7. 2015年度上海市金属结构行业协会上海市建设工程金属结构“金钢奖”特等奖。

SBS
DOUBLETREE

寓意丝绸的钢结构透风雨幕

夜景

市民广场夜景

屋顶上方下圆网壳屋架

中庭开放式交流空间

预应力张弦钢楼梯

2000m^{2}演播厅

北京奥林匹克公园瞭望塔工程

（推荐单位：北京市建筑业联合会）

全景

一、工程概况

该工程坐落于北京市中轴线北端，由奥林匹克中心区龙形水系环抱，它是世界第一座高柔度集束群塔钢结构构筑物，具有旅游观光、安防监控、环境监测、森林防火等功能，是举办大型社会公益活动的场所。工程总建筑面积18687m^2，高度264.8m，自下而上由塔座、塔身、塔冠三部分组成，中央主塔与周边四座副塔通过伸臂桁架连接。塔座为现浇框架-剪力墙结构，塔身、塔冠为钢结构，基础形式为混凝土灌注桩。

瞭望塔以生命之树为设计理念，寓意生命之树破土而出，景观绿化率达85%。是世界第一座五塔组合塔式结构体系，单塔最大高宽比达31，在抗震设防8度区突破超高层建筑高宽比限值，其设计理念与实践达到国际领先水平。2016年6月，由国际奥委会批准定名为北京奥林匹克塔，塔顶永久伫立奥运五环标志，配备我国自主研发的精密电控旋转装置，可抵抗12级风荷载，8度倾斜，采用9度抗震设防，充分展现国家科技实力。

工程于2011年1月20日开工建设，2015年8月8日竣工，总投资10.02亿元。

二、科技创新与新技术应用

1．国际上第一座组合塔式结构体系，主塔与4个副塔通过四道伸臂桁架连接组合为一个整体，结构设计技术先进，设计理念与技术达到国际领先水平。

2．设计与施工全过程应用BIM技术，设计中解决异形模型搭建及专业协同，并实现BIM模型交付施工，为国内较早应用BIM技术的成功范例，对BIM推广有积极示范作用。

3．针对工程中的齿轮状钢板剪力墙、密肋斜交井字梁屋盖、空间曲面燕尾形落地拱等异形结构，研发应用空间曲面模架与工法。

4．对钢结构塔身钢构件采用集成模块式安装技术，对塔冠18m大跨度外挑钢结构采用无支撑安装技术。

5．钢结构多塔安装时创新采用可调节预应力临时连桥技术，确保施工中多塔的整体性与安装精度。

6．针对复杂钢塔，施工中采用GPS与测量机器人前方交会全时测量技术，确保整体垂直偏差小于28mm。

7．研发采用了螺栓暗藏、环形双轨吊装等技术与工法，成功解决了塔身外饰面线性格栅铝方通与开放式玻璃幕墙系统的安装难题。

三、获奖情况

1．2017年度中国勘察设计协会全国优秀工程勘察设计行业奖优秀建筑结构专业一等奖、优秀建筑工程设计二等奖；

2．2017年度北京工程勘察设计行业协会〝北京市优秀工程勘察设计奖〞综合奖（公共建筑）一等奖、专项奖（建筑结构）一等奖；

3．2017年度中国建筑业协会中国建设工程鲁班奖；

4. 2013年度北京市优质工程评审委员会北京市结构长城杯金质奖工程；

5. 2016年度北京市优质工程评审委员会北京市建筑长城杯金质奖工程；

6. 2012年度中国建筑金属结构协会中国钢结构金奖。

全景

夜景

塔座大厅

四川合江长江一桥（波司登大桥）

（推荐单位：中国土木工程学会桥梁及结构工程分会）

合江长江一桥宜宾岸航拍图

一、工程概况

该工程是国家高速公路网成渝地区环线的控制性工程，位于四川省泸州市合江县，主跨530m，仍是目前世界最大跨径的钢管混凝土拱桥。

大桥全长840.9m，主桥为中承式钢管混凝土拱桥，净矢跨比为1/4.5，拱轴系数为1.45；拱肋为钢管混凝土桁架结构，肋宽4m，肋高8～16m，总重6700t，分36段制造安装，节段最长45m，最重200t；桥面梁为"工"型格子梁，桥面板为钢-混凝土组合桥面板，格子梁分44段制造安装，最重段135t；吊杆为整体挤压锚固钢绞线吊杆拉索，间距为14.3m。大桥拱肋和桥面梁均采用跨径554m的缆索吊装系统安装，塔架高180m，采用1组可横移主索，最大起重能力200t。拱肋钢管直径1.3m，管内混凝土共6400m^3，单管800m^3，采用真空辅助三级连续泵送施工。

工程于2009年12月开工建设，2017年12月竣工，总投资2.6亿元。

二、科技创新与新技术应用

1. 在桥型选择上，采用钢管混凝土拱桥不仅与周围环境融为一体，降低了施工对周边环境的影响，保护了长江合江-雷波段珍稀鱼类自然保护区的生态环境；而且与同等跨度的悬索桥比选方案相比，节约造价投资约6000万元人民币，效益可观。

2. 在设计构造上取得系列创新成果：提出了组合式主拱横撑和内横隔的新型构造，解决了钢管混凝土拱桥主拱横向稳定；研发了基于悬拼单元的新型主拱结构，显著减轻悬拼单位质量，大幅减少接头高空安装量和焊接量；开发了抗风减振串联索和全隔离、全防腐、整体挤压锚固钢绞线吊杆拉索体系，提高了吊索的抗风性能，延长了吊索的使用寿命。

3. 在施工方法上形成了500m级钢管混凝土拱桥的制造安装成套技术：开发了200t级钢管拱桁节段逐级匹配、消除累积误差的卧式耦合制造新技术，实现了高精度整体制造；提出了拱桥斜拉扣挂悬拼施工控制计算方法，实现了扣索一次张拉和悬拼过程免调索力；研发了新式索鞍横移、摇臂抱杆安装扣塔技术与装备，大大节省了安装费用，实现了高精度安装。

4. 提出了大型钢管混凝土结构管内混凝土真空辅助灌注方法。实现了高度120m、距离超500m、单管800m^3的管内混凝土真空辅助三级连续泵送施工，保证了管内混凝土灌注密实度满足设计要求，攻克了制约钢管混凝土结构发展的脱粘、脱空难题。

5. 该桥为跨径世界第一且突破500m的钢管混凝土拱桥，具有里程碑意义。该桥的顺利建成促进了行业科技进步，推动了钢管混凝土拱桥向更大跨径发展，对山区公路、铁路超大跨度拱桥的建设具有重要的推动作用，其技术在一系列大型工程中得到了应用，也进一步彰显了我国拱桥在国际上的重要地位。

三、获奖情况

1．“500m级钢管混凝土拱桥建造核心技术”获得2014年度广西科学技术进步一等奖；

2．2014年度四川省住房和城乡建设厅四川省优秀工程勘察设计一等奖；

3．2016～2017年度四川省建设工程质量安全与监理协会四川省建设工程天府杯奖（省优质工程）金奖。

合江长江一桥航拍图

组合式主拱横撑和内横隔的新型构造图

重庆岸塔架安装图

合江长江一桥全景图

拱肋合龙图

桥面格子梁安装图

重庆东水门长江大桥、千厮门嘉陵江大桥

（推荐单位：重庆市土木建筑学会）

全景

重庆千厮门嘉陵江大桥夜景

一、工程概况

重庆东水门长江大桥、千厮门嘉陵江大桥工程，位于重庆市主城中心渝中半岛东部，是重庆轨道交通骨干线路的过江载体，也是连接主城核心区两江、三地、四岸的重要桥梁。两座大桥均为单索面稀索体系部分斜拉桥，公轨两用、双层桥面：上层双向四车道公路交通，桥面总宽24m，设计时速40km/h；下层双线轨道交通，线间距4.2m，最高设计运行速度100km/h。其中东水门长江大桥为双塔桥，桥跨布置为（222.5+445+190.5）m，钢桁梁长858m，斜拉索36根；千厮门嘉陵江大桥为单塔桥，桥跨布置为（88+312+240+80）m，钢桁梁长720m，斜拉索20根。两桥均采用钢绞线斜拉索，单根锚固吨位为14500kN。

重庆东水门长江大桥、千厮门嘉陵江大桥工程建成了世界最大跨径双塔单索面部分斜拉桥、世界最大跨径单塔单索面部分斜拉桥、世界第一座单索面双桁片斜拉桥。工程两桥同型、两位一体，相互映衬、独自成景，与环境高度融合协调，是集综合交通、人文景观、科技创新于一体的地标建筑。

工程于2010年2月开工建设，2014年6月竣工，工程投资38.45亿元。

二、科技创新与新技术应用

1. 首次提出适用于公轨复合交通的单索面双桁片部分斜拉桥结构体系：稀疏单索面斜拉体系增强了上层桥面通透性；双主桁布置解决了密集建筑群下桥隧相连的轨道接线难题；天梭型空间曲面索塔，提升了江、城、桥的景观融合性。工程两桥同型、两位一体，既相互映衬，又独自成景。

2. 研发了单索面双桁片部分斜拉桥结构体系关键构造及设计方法，包括：①研究了塔高和跨径比、主梁高跨比、无索区长度、索间距等参数对结构的影响，总结出了整体结构的受力特性与合理受力体系，其成果国际领先并纳入《公路斜拉桥设计规范》。②板桁结合加刚性横梁的上层桥面结构，实现单索面超大吨位斜拉索在双桁片主梁上的无桁吊点锚固。③首次采用开敞外置式钢锚箱、侧拉板、剪力钉和横向预应力组合受力的新型索塔锚固体系。④塔下大吨位支座创新采用牛腿支撑方式，保证了主塔的美观性。

3. 研制了超大吨位钢绞线斜拉索制造、试验、架设成套技术和装备，其整束智能张拉调索系统、成桥拉索体内钢绞线单根置换技术填补国内空白。

4. 提出适用于钢桥面的典型铺装材料模量取值方法。其成果纳入《公路钢桥面铺装设计与施工技术规范》，完善了钢桥面铺装设计理论，为复杂应力状态下钢桥面铺装力学分析及使用寿命评估提供依据。

5. 针对结构新颖的构造，开展了施工关键技术及相关工艺研究。采用三维信息模型技术，研发了可变式液压爬模系统，解决了空间复杂曲面索塔成型及快速施工技术难题。首次获得了高强度螺栓轴力损失和焊接温度场分布规律，确定了大断面正交异性板与桁梁栓焊施工工艺。

6. 首次揭示了信息融合的信源特征，提出了基于距离像相位和幅度的子空间融合算法，用于交通目标识别，大幅提高识别率和智能化程度，解决了城市桥隧集群工程安全运营的安全预警、控制诱导和应急救援问题。

7. 该工程是世界上首个跨径突破400m的部分斜拉桥，具有里程碑意义。它的建成推动了世界部分斜拉桥技术的发展，提高了我国部分斜拉桥在国际上的地位和竞争力；也有力促进了重庆经济发展，产生了很好的社会、经济效益。

重庆东水门长江大桥夜景

三、获奖情况

1．2015年度英国结构工程师学会英国结构奖；

2．"三峡库区深水基础综合施工技术"获得2013年度吉林省科学技术奖二等奖；

3．"大跨径公轨复合交通部分斜拉桥设计关键技术研究"、"超大吨位钢绞线斜拉索制造与施工关键技术研究"、"基于云计算的城市大型桥隧集群工程运营安全提升技术研究"分别获得2016年度、2015年度、2015年度中国公路学会科学技术奖二等奖；

4．2017年度中国勘察设计协会全国优秀工程勘察设计行业奖优秀市政公用工程道路桥隧一等奖；

5．2015年度重庆市勘察设计协会重庆市勘察设计协会优秀工程设计一等奖；

6．2015年度中国市政工程协会全国市政金杯示范工程。

东水门长江大桥

千厮门嘉陵江大桥

东水门长江大桥夜景

千厮门嘉陵江大桥夜景

长沙西北上行联络线特大桥

（推荐单位：山西省土木建筑学会）

长沙西北上行联络线特大桥航拍全景图

一、工程概况

该工程位于湖南省长沙市雨花区，全长1887.3m，为沪昆高铁长沙南枢纽的重要控制工程。为了避免施工期间对运营高速铁路造成影响，主跨结构设计采用（32+80+112）m的非对称槽形梁独塔双索面斜拉桥，水平转体跨越京广高铁。转体梁段长196m，重量14500t，转体角度为21°，桥塔总高73.925m。

该桥综合了目前斜拉桥建造中所运用的多项施工技术，结构新颖，施工难度大、科技含量高。针对桥梁特点，首创非对称塔梁墩固结槽形梁转体施工斜拉桥结构体系；采取独特的塔梁墩固结结构及四柱式下塔柱结构构造，降低了转体重量、减小了桥梁规模；首创边箱式槽形梁及边箱内锚固斜拉索技术，减小了缆索更换对于安全性的影响；形成了斜拉桥转体施工成套技术，完成主梁转体后直接上墩；运用哈弗式磁通量铁路成品索索力监测技术，解决了索力长效监测的技术难题。

该工程是全国首例高铁跨高铁大跨径独塔非对称双索面转体斜拉桥。在铁路建设领域，该桥创下了六个〝第一〞：高铁跨高铁桥跨度第一、转体总重量第一、转体梁长度第一、独塔非对称斜拉索在高铁第一次应用、边箱式槽形梁在高铁第一次应用、独塔非对称斜拉索与槽形梁的组合结构在高铁第一次应用。

工程于2011年3月开工建设，2013年7月竣工，工程投资1.12亿元。

二、科技创新与新技术应用

1．针对邻近高铁施工干扰、跨线施工作业坠物等安全风险，工程首创了非对称塔梁墩固结槽形梁转体施工斜拉桥结构体系，通过压缩桥宽、缩短小角度斜交桥跨径、降低转体重量、减小桥梁规模、加强施工监控与防护等途径，解决了施工抗风险能力的综合技术难题，取得了成套建造技术成果。

2．工程在设计构造上取得了系列创新成果：①采用塔梁墩固结体系及四柱式下塔柱结构设计，增加塔墩横向和纵向刚度，改善了结构受力性能，从而使主跨长度缩短了10%，减少了转体重量；②采用边箱式预应力混凝土槽形梁及边箱内锚固斜拉索设计，有效解决了跨运营高铁线路施工中的防电问题、规避了运营后线路养护和维修过程中异物坠落的风险，并降低了建筑高度有利于枢纽区线路疏解。

3．基于斜拉桥转体施工的特点，工程在施工技术上进行了系列研究：①主梁采用转体后直接上墩随即形成稳定的结构体系的方案，取消了传统工艺中转体后合龙段现浇施工的环节，大大降低了施工安全风险、缩短了施工周期；②形成了大跨度非对称槽形梁独塔斜拉桥水平转体跨越运营高铁成套施工技术，解决了邻近既有高铁施工安全及运营安全的高风险技术难题。

4．拉索索力监测技术创新。斜拉索是该桥的关键承力构件，该项目研发了针对铁路成品索的哈弗式磁通量索力监测技术，解决了既有桥梁拉索运营期索力长效监测的技术难题，为桥梁安全运营和科学管养提供了支撑。

5．该工程结构设计新颖，形成了大跨度非对称槽形梁独塔斜拉桥水平转体跨越运营高铁施工的成套技术，实现了高速铁路桥梁多项技术突破和创新，社会、经济效应显著。相关技术可为今后类似工程提供非常有价值的借鉴作用，具有较高的推广应用价值。

三、获奖情况

1．"CCT磁通量传感器及其监测系统" 获得2010年度广西科学技术进步二等奖；

2．"大跨度非对称槽形梁独塔斜拉桥水平转体跨越运营高铁成套施工技术" 获得2014年度中国铁道学会铁道科技奖二等奖；

3．2016年度湖南省勘察设计协会湖南省优秀工程设计一等奖；

4．2017年度山西省土木建筑学会山西省第十三届太行杯土木建筑工程大奖；

5．2016～2017年度中国施工企业管理协会国家优质工程奖。

长沙西北上行联络线特大桥航拍全景图

高铁动车组经过瞬间

塔梁墩固结结构及四柱式下塔柱结构构造

主桥转体前全景图

主桥转体后直接上墩全景图

独塔非对称斜拉索与槽形梁的组合结构

转体球铰施工图

合肥至福州铁路

（推荐单位：中国铁道工程建设协会）

一、工程概况

合肥至福州铁路，是中国首条时速300公里的山区高铁，被誉为中国“最美高铁”。线路纵贯安徽、江西、福建三省，正线全长834.4km，桥隧比85.82%，其中福建段桥隧比90.1%，隧道占比66%，工程建设难度极大。

全线新建车站21个，改建车站2个。全线正线桥梁498座375.8km，采用了“骑跨式”高架车站、顶推法施工大跨度连续梁柔性拱组合桥、带悬臂T构连续站台梁等多种创新结构设计。全线正线隧道212座340.3km，研究采用桥隧相连结构和缓冲结构平导等创新技术。与16条铁路交叉跨越或并行，全线铺轨1628km，以II型板式和I型双块式为主。

工程于2010年4月开工建设，2015年6月28日竣工，总投资1019.95亿元。

二、科技创新与新技术应用

1. 在国内首次采用“骑跨式”车站，使合福与杭长高铁“十”字交叉，节省土地和投资。

2. 采用后插钢筋笼CFG桩与桩顶钢筋混凝土筏板组合技术，确保了半填半挖路基的稳定，这在国内是首次大范围使用。

3. 在地质勘查中，研发了三维遥感解译技术，应用大地音频电磁法结合深孔的隧道综合勘察技术，提高了勘察效率和精度。

4. 推广使用接触网增强防污染设计，使用复合绝缘子，加大了绝缘子的耐污闪能力。

5. 开展环境选线、环保设计，线路避开绝大部分环境敏感区，不能避开的，采用有效保护措施，推广新型污水处理技术，建设绿色长廊，建成“最美高铁”。

三、获奖情况

1.“高速铁路路基工程地基沉降控制技术研究”获得2015年度中国铁道学会铁道科技奖一等奖；

2. 2017年度中国勘察设计协会全国优秀工程勘察设计行业奖优秀工程勘察一等奖；

3. 2015～2016年度国家铁路局铁路优秀工程设计一等奖、铁路优秀工程勘察二等奖；

4. 2016～2017年度中国施工企业管理协会国家优质工程奖。

合福高铁穿越徽派小镇

武夷山北站及高边坡防护

黄山北站

铜陵长江大桥

上饶站（杭长与合福“十”字形交叉）

行走在茶园之间的南岸特大桥

绿色环保的隧道洞口

新建铁路大同至西安客运专线工程（太原南—西安北）

（推荐单位：中国铁道工程建设协会）

一、工程概况

新建铁路大同至西安客运专线工程是我国《中长期铁路网规划》中一条重要的客运专线，是连接华北、华中、西北与西南地区的重要通道。全长561.348km，全程正线路基76.31km，桥梁438.556km/86座，隧道46.482km/27座，正线采用CRTS Ⅰ型双块式无砟轨道结构。新建车站17座；牵引变电所11座；AT分区所12座，AT所21座。

工程历时近五年，太原南—西安北段沿线经过太原、临汾和运城三大盆地，穿太岳山，跨汾河、黄河、渭河，途经黄土台塬区，地形、地质十分复杂，是我国第一条穿越地裂缝发育区的客运专线，也是国内首条采用30‰大坡度的高速铁路。

工程于2010年3月开工建设，2014年6月竣工，工程总投资669.7亿元。

二、科技创新与新技术应用

1．工程建设中，各参建单位共同努力，联合开展了地裂缝和地面沉降对工程的影响和对策，湿陷性黄土路基沉降控制，砂质地层、黄土大断面隧道，跨河、跨线桥的设计施工技术等课题研究，攻克了地裂缝发育区修建客运专线的技术难题，形成的30‰山区大坡度客运专线建造技术、干燥粉细砂地层超大断面隧道施工、富水砂土复合地层大断面隧道变形控制、高速铁路（2×108）m单T刚构加劲钢桁组合结构等关键技术，为大西客专的设计、施工以及安全运营提供了有力的支撑与保障。

2．建设中形成专利92项（发明专利23项），获菲迪克提名奖1项，优秀设计、科技奖60项，国家级工法3项、省部级工法28项。所取得的成果填补了我国地裂缝及地面沉降防治理论与技术的空白，探索了山区大坡道客专成套建造技术的应用，解决了湿陷性黄土地基的沉降难题，丰富了大跨度桥梁及特殊地层隧道施工工艺、技术。

3．工程建设中环境保护、水土保持效果良好；建设管理规范，工程投资得到有效控制。

4．大西高铁开启了中西部高铁的网络时代，开通运营三年多来，基础设施状态良好，运营安全顺畅，旅客服务系统便捷高效，极大地带动了秦晋中心城市的辐射功能；"县县设站"，既是城际线，又是旅游线，在定位区域大通道的基础上，兼顾了城际交通功能，增加了网络灵活性，对完善全国路网、推动沿线旅游经济发展意义重大，经济、社会效益显著。

新建大同至西安铁路工程缔结了新时代的"秦晋之好"

三、获奖情况

1．2015年度国际咨询工程师联合会菲迪克（FIDIC）优秀工程提名奖；

2．"机载激光雷达技术在铁路勘测设计中的应用研究"、"高速铁路路基工程地基沉降控制技术研究"分别获得2012年度、2015年度中国铁道学会铁道科技奖一等奖；

3．"富水砂土复合地层大断面隧道变形控制关键技术研究"获得2014年度山西省科技进步二等奖；

4．2016年度天津市勘察设计协会“海河杯”天津市优秀勘察设计“工程勘察岩土勘察”一等奖；

5．2015～2016年度国家铁路局铁路优秀工程设计一等奖；

6．2015年度陕西省住房和城乡建设厅陕西省第十七次优秀工程设计一等奖；

7．2016～2017年度中国建筑业协会中国建设工程鲁班奖；

8．2013年度山西省土木建筑学会山西省第九届太行杯土木工程大奖、2016年度山西省第十二届太行杯土木建筑工程大奖。

晋陕黄河特大桥

晋陕黄河特大桥主桥2×108m单T刚构加劲钢桁组合结构

施工中的晋陕黄河特大桥

马家庄隧道——大断面黄土隧道

施工中的晋陕黄河特大桥

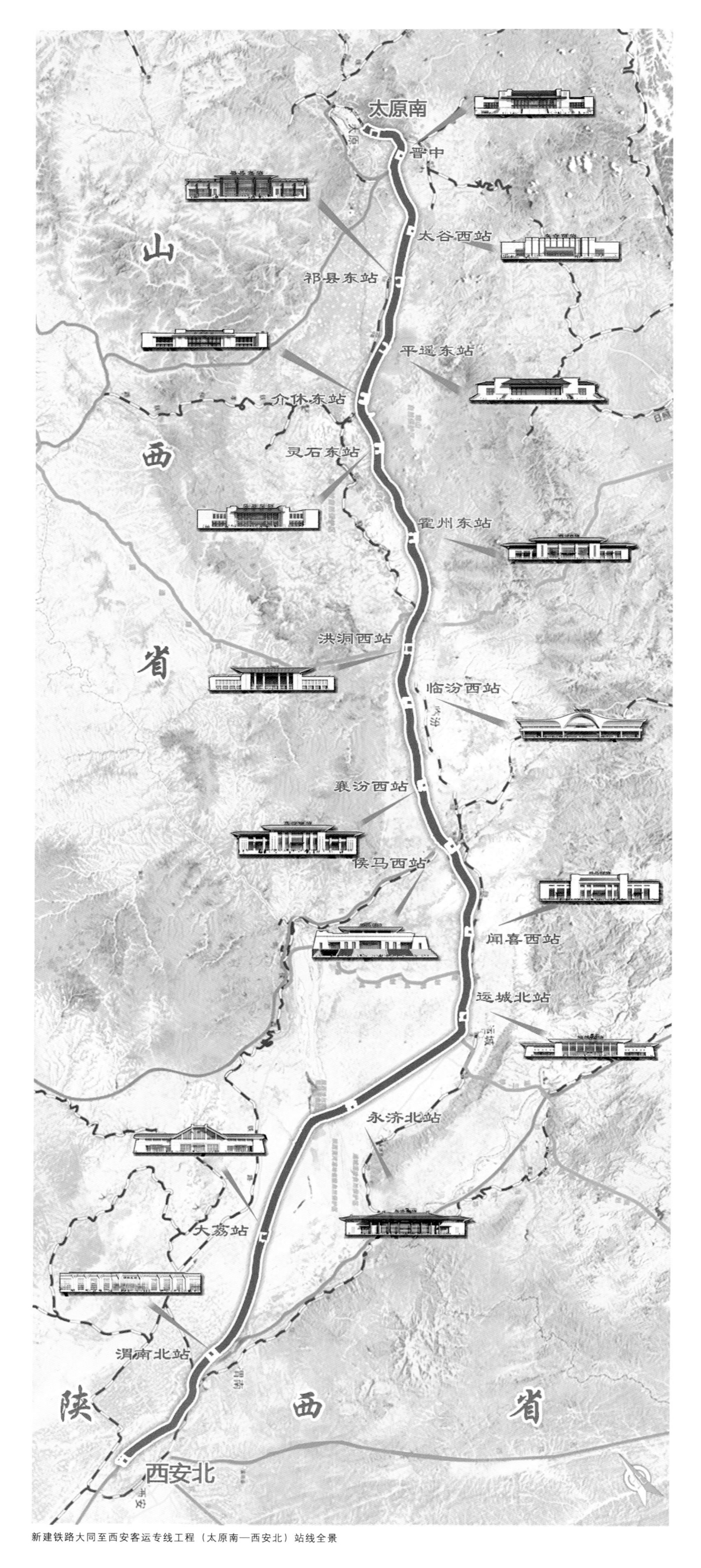

新建铁路大同至西安客运专线工程（太原南—西安北）站线全景

县县设站——兼顾城际、旅游功能的综合交通走廊

海南环岛高铁

（推荐单位：中国铁道工程建设协会）

海南环岛高铁环岛联络线全景

一、工程概况

海南环岛高铁正线全长653.3km，分为东环、西环两段建设，全线设桥梁273座226km、隧道31座41.5km，桥隧比41%，为国铁Ⅰ级双线电气化铁路，其中东环段设计时速250km、西环段设计时速200km。项目所处环境具有高温、高湿、高盐、强台风、强降雨、强腐蚀等热带海洋气候及高烈度地震区、环境高敏感度等特点，建设难度大、环保要求高，经过各参建单位尤其是设计单位的不懈努力，本项目获得了一批有代表性的科技创新成果，为热带高铁工程建设树立了榜样。

海南环岛高铁东段已开通运行近8年，环岛高铁西段开通近3年，期间经历海南有史以来最强的台风暴雨袭击及上万次雷击检验，系统运行稳定、安全可靠。

海南环岛高铁改变了海南人民出行方式和生活习惯，极大地提升了海南国际旅游岛的品质；为海南省发展提供了强劲动力，加快了海南国际自贸区、自由港建设进程；为博鳌亚洲论坛等国际会议提供了高效优质的交通服务。同时，充分展示了中国高速铁路技术水平，已成为展示中国高速铁路建设成就的一个重要窗口。

工程于2007年9月开工建设，2015年12月竣工，总投资489.4亿元。

二、科技创新与新技术应用

1．全面贯彻“以人为本”、以“站”带动“线”的选线理念，建成了全球唯一环岛高速（城际）铁路。

2．完成了高烈度地震区、强台风、强降雨条件下“桥建合一”的设计成果。

3．构建了沿海强台风、强降雨条件下路基边坡加固防护设计技术。

4．采用高湿度、强腐蚀条件下沿海铁路轨道扣件防锈技术，明显减缓扣件的锈蚀，保证扣件使用寿命、降低养修成本，提高轨道结构安全。

5．开发了强腐蚀海洋环境抗裂耐腐混凝土制备技术，研制出耐老化性能好、粘结力强的氟碳涂装体系，改进了硅烷浸渍材料的施工性能和施工方法。有效提高了混凝土结构耐久性，为相关规范的修订完善提供了参考依据。

6．构建了混凝土系杆拱桥吊杆索力施工控制技术、混凝土系杆拱桥吊杆耐久性能退化规律及内力变化对拱桥受力性能影响分析技术、表层嵌贴预应力FRP加固混凝土系杆拱桥受弯构件技术等沿海地区强风条件下系杆拱桥施工关键技术。

7．形成了运营机场地下高铁车站建造关键技术。

8．在简支梁上铺设单开和单渡线无砟无缝道岔、在连续梁桥上铺设12号交叉渡线无砟无缝道岔等专题研究成果，填补了我国简支梁桥上无砟道岔设计与施工的空白。

9．创新开展铁路综合景观设计研究。

三、获奖情况

1．“铁路客运专线500m小曲线半径多梁型箱梁运架设备研制”获得2013年度山西省科技进步一等奖；

2．"高速铁路轨道控制网（CPIII）测量技术的研究"获得2011年度四川省科技进步三等奖；

3．"高速铁路路基工程地基沉降控制技术研究"获得2015年度中国铁道学会铁道科技奖一等奖；

4．2013年度四川省住房和城乡建设厅工程勘察设计"四优"一等奖；

5．2011～2012年度中华人民共和国铁道部铁路优质工程一等奖；

6．2009年度、2010年度中华全国铁路总工会火车头奖杯；

7．2011～2012年度、2012～2013年度中国施工企业管理协会国家优质工程奖。

颜春岭隧道洞口景观工程

海口500m小曲线半径箱梁运架

美兰高铁站与机场间地下换乘通道

珠碧江桥抗海水侵蚀涂装体系创新应用

强台风、强降雨条件下路基边坡加固防护

"桥建合一"的海口地标——海口东站

连续梁桥上铺设12号交叉渡线无砟无缝道岔

强腐蚀条件下轨道扣件防腐处理

长沙市营盘路湘江隧道工程

（推荐单位：中国土木工程学会隧道及地下工程分会）

一、工程概况

该工程为“湘江第一隧”，位于长沙市橘子洲大桥和银盆岭大桥之间，是连接湘江两岸的过江主干道。主线分南北两线，其中南线长2851m，北线长2843m，匝道合计长2752m。主线隧道为双向四车道，设计行车速度50km/h。匝道隧道为单向单车道，设计行车速度40km/h。西岸设一进一出A、B两匝道，接入主线北侧的潇湘大道，东岸设一进一出C、D两匝道，分别接入主线南北两侧的湘江中路。

隧道2条主线4条匝道共8次穿越湘江大堤，2条主线6次穿越3个断层带，隧道穿越大堤、断层破碎带时防沉降变形、防塌方冒顶、防突泥涌水至关重要，需攻克长距离过圆砾流砂层、上下交叉、超浅埋等复杂技术难题。匝道与主线水下交汇处形成分岔大跨段，大跨段最大宽度25m，最大开挖面积376m^2，距江底最小埋深为11.5m。

工程于2009年9月20日开工建设，2015年9月8日竣工，总投资17.4亿元。

二、科技创新与新技术应用

1. 首次提出了水下互通立交隧道设计技术，发明了基于工程控制措施的水下隧道最小覆盖层的确定方法，构建了水下立体交叉的隧道体系，解决了城市核心区域交通疏解和用地紧张难题，并实现了对湘江西岸的风景名胜与文物的有效保护。

2. 提出了水下浅埋大断面暗挖隧道多断面、多工序施工技术，获得了多项发明专利，以及国家级、省部级施工工法，为我国该类型隧道的建造提供了强有力的技术支撑。

3. 研发了水下隧道施工动态风险管理软件系统，制定了风险预警标准和应急救援预案，提出了多种控制水下隧道施工风险的技术方法与措施，实现了隧道施工动态全过程的风险评估、监测、控制与管理，为隧道施工的安全性提供了有力保证。

4. 研发应用了旋喷桩止水帷幕、超前预注浆、全断面帷幕注浆、洞内大管棚和小导管联合支护等综合施工技术，解决了各种不利地质条件下隧道开挖支护难题，并在长距离情况下过断层破碎带、富水圆砾流砂层及隧道上下立体交叉施工方面取得了突破，对我国水下浅埋大断面暗挖隧道施工工艺起到了极大促进作用。

三、获奖情况

1. “跨江越海大断面暗挖隧道修建关键技术与应用”获得2016年度国家科技进步二等奖；

2. “浅埋跨海越江隧道暗挖法设计施工与风险控制技术”获得2012年度河南省科技进步一等奖；

3. “水下超浅埋大断面立交隧道修建技术研究”获得2014年度湖南省科技进步二等奖；

长沙市营盘路湘江隧道西岸出口隧道、道路、桥梁、大堤组合结构全景

4．2017年度中国勘察设计协会全国优秀工程勘察设计行业奖优秀市政公用工程“道路桥隧”一等奖；

5．2013年度天津市勘察设计协会“海河杯”天津市优秀勘察设计“市政公用工程”一等奖；

6．2016～2017年度中国施工企业管理协会国家优质工程奖。

长沙市营盘路湘江隧道东岸进口

主线与匝道合流处实景

主线隧道防淹门

香港中环湾仔绕道铜锣湾避风塘隧道工程

（推荐单位：中国建筑集团有限公司）

中环湾仔绕道铜锣湾避风塘隧道工程全景

一、工程概况

铜锣湾避风塘隧道工程是香港岛东区走廊中环湾仔绕道的核心工程，它以海底隧道方式下穿前湾仔公众货物装卸区、红磡海底隧道和铜锣湾避风塘，全长754m，为三联拱、净跨50m、断面达510m^{2}的超特大型海底隧道工程。工程涉及开挖海泥39万m^3、临时填海56万m^3、开挖硬岩30万m^{3}和浇筑混凝土30万m^3。

工程合约工期尽管长达64个月，但在铜锣湾避风塘内占总工程量近七成的工程需要在38个月内完成，高峰期月完成工程产值高达1.4亿港元；工程还必须保证不得影响铜锣湾避风塘内1000余艘游轮停泊和航线畅通；三连拱的超特大断面暗挖隧道，它下穿既有红磡海底隧道，两者最小距离仅为18m；红磡海底隧道是现时连接香港岛和九龙最重要的通道，日通车量高达120000架次，本工程超特大断面暗挖隧道施工不得对红磡隧道的运营造成任何影响。

工程于2010年9月开工建设，2016年9月竣工，总投资47亿港元。

二、科技创新与新技术应用

1. 形成复杂条件超大断面隧道非爆破开挖技术，综合应用隧道开挖正台阶法和中隔壁法技术，进行临时支护设计与优化，成功进行三连拱、特大断面隧道开挖施工，有效缩短下穿红磡隧道的暗挖段工期达15%。

2. 研发隧道上浮防控综合施工技术，设计安装既有隧道抗浮配重砖、隧道沉降给排水系统和采用原位锚杆加固技术，解决了特大断面隧道短距离内下穿红磡海底隧道的重大施工难题，保证既有隧道运营零影响。

3. 基于“AAA”（Alert-Action-Alarm）预警系统，研发了信息化系统及系列动态监测技术，利用ADMS自动变形监测、振弦式应变监测等系统，实现了隧道施工过程变形安全与环境扰动的精细化控制。

4. 采用复杂条件深基坑开挖及钢结构支撑技术，解决新填海区围堰稳定、止水、降水等问题，保证了开挖面积11000m^2、深度达40m的深基坑安全稳定，钢材循环利用率高达85%。

5. 采用水下结构无损拆除技术，拆除水下28000m^{3}钢筋混凝土结构，使水下大体积钢筋混凝土无损拆除保持高效、经济、安全和环保。

6. 实施独具特色的工程动态管理系统（CDMS）及建筑模型和控制技术（CMC），实现工程信息动态共享、优化管理和多维度（ND）模拟，即时解决重大技术方案优化及资源配置问题，节省工程成本1920万港元。

7. 工程的成功建设将中环至北角全长4.5km路段行车时间有效缩短至5min，极大缓解了香港岛长期交通拥堵问题，为香港交通改善做出了巨大的社会贡献。

三、获奖情况

1．2016年度英国土木工程师学会世界隧道工程大奖；

2．2013年度香港特别行政区发展局公德地盘嘉许计划（杰出环境管理金奖）。

深基坑开挖采用预制钢支撑技术

$510m^2$三连拱超特大型断面隧道内衬防水处理

2016年NCE隧道工程大奖

510m^{2}三连拱超特大型断面隧道非爆破切割孔施工

中环湾仔绕道铜锣湾避风塘隧道正面全景

由红磡隧道向东方向展望全景

红磡隧道抗浮配重砖安装完成

临时填海施工

无损拆除及吊装地下连续墙施工

铜锣湾避风塘内填海明开挖段隧道

乌兹别克斯坦安革连至琶布铁路卡姆奇克隧道工程

（推荐单位：中国土木工程学会隧道及地下工程分会）

一、工程概况

该工程位于乌兹别克斯坦安革连市、琶布市，是连接中亚和欧洲“新丝绸之路经济带”铁路网重要组成部分，也是“中亚第一长隧”，是打通“一带一路”中吉乌铁路通道的关键工程，被列为乌兹别克斯坦“总统一号工程”。

卡姆奇克隧道由隧道正洞和服务隧道组成，其中正洞长19.2km，服务隧道长19.268km。设置3座斜井辅助正洞施工，其中最长斜井3512m、综合坡度11.12%。隧道采用新奥法原理设计、大型机械化配套钻爆法施工。

该工程是中国隧道技术在国外成功应用的典范，践行了“一带一路”倡议，在国际上彰显了“中国技术、中国速度、中国质量”，被誉为“一带一路”上的奇迹。

工程于2013年7月29日开工建设，2016年7月29日竣工，总投资4.55亿美元。

二、科技创新与新技术应用

1. 创新应用了“岩体结构分析和电磁辐射监测相结合的岩爆预测方法”。在深入研究岩爆发生规律及岩爆过程后，建立了层状岩体岩爆的力学模型，推导出该型岩爆层状岩体脆断失稳临界应力的计算公式。通过同步测试，得出岩爆岩样加载—破坏与电磁辐射能量、脉冲的相关关系，并取得国家发明专利。

2. 创新小断面特长隧道运输系统及运输方法，丰富特长单线铁路隧道机械化配套施工技术。通过凿岩台车、隧道挖装机、有轨运输配套设备、湿喷机械手、全液压自行式仰拱栈桥、防水板自动铺设台车、二次衬砌钢模板台车、沟槽模板台车等，建立特长单线铁路隧道机械化配套快速施工流水线，结合辅助通道和开挖作业面的合理设置，同时通过对运输系统和线路布设优化、精简会车道道岔设置，成功解决了小断面特长隧道运输难题。创造了用时900d完成19.2km正洞及19.268km服务隧道开挖任务，实现了月平均进尺197.5m，最高月进尺342.6m施工记录。

三、获奖情况

2016～2017年度中国建筑业协会中国建设工程鲁班奖（境外工程）。

卡姆奇克隧道出口全景

MCHIQ TUNNELI

列车首次驶出隧道出口

卡姆奇克隧道通车仪式

隧道正洞二次衬砌

卡姆奇克隧道进口全景

洞预留洞室

服务隧道管线布置

伊春至绥化高速公路

（推荐单位：中国公路学会）

伊春至绥化高速公路

一、工程概况

伊春至绥化高速公路是国家高速公路网中的纵一线鹤岗至大连公路的联络线，是黑龙江省中部地区中心城市之间便捷的高速公路运输通道。伊春至绥化段为“鹤哈高速公路”的中间段落，是东北区域骨架公路网中的纵二线（嘉荫至大连）、黑龙江省高速公路网中的射三线（伊春至哈尔滨）的重要组成部分。

技术标准为双向四车道高速公路，路基宽度24.5m，桥涵设计荷载公路－Ⅰ级，地震基本烈度为Ⅶ度，路基及大、中、小桥、涵洞等设计洪水频率1/100。路面结构采用SMA沥青混凝土路面。

路线全长236km，设过水桥梁73座，分离通道桥200座，涵洞415道，互通式立体交叉8处，路基土石方2346万m^3。全线共设4处服务区，1处管养中心，5处管养工区和8处收费站。

全线于2009年4月20日开工建设，于2011年9月20日交工通车试运营，2015年2月通过黑龙江省交通运输厅验收，伊绥高速总投资67.8亿元。

二、科技创新与新技术应用

1．在岛状多年冻土工程处理方面的创新

高纬度岛状多年冻土区建设公路是世界性技术难题，确定了“地质选线优先、不考虑保护冻土、合理控制工程造价”的设计原则。先后经历了冻土地质选线、冻土地质勘察、冻土工程处理方案选择、冻土处理新技术科研攻关等多个阶段，应用了地质雷达、自行研发的小型钻具等查明冻土范围，多次优化路线躲避冻土，提出了开挖冻土、CFG冻土筏板桩、冻土桥梁等方案，攻克了冻土施工技术难题。

2．在安全、环保、旅游与景观融合方面的创新

本项目提出建设“节约、生态、环保、景观、旅游高速公路”的新理念，力求实现“路在林中展、溪在路边流、车在景中行、人在画中游”的高速公路新景观，设计了分离断面、左进左出匝道、集聚式服务区、草毯防护、隐形边沟等创新兴性工程内容，开展了全面安全评价工作，应用了风电互补机电设备，旧水泥混凝土路面碎石化再生利用，做好交通部典型示范工程。

3．反复优化设计，降低工程造价

伊绥高速平均每公里造价2911万元，与国内类似条件高速公路比处于较低水平，这与设计方案的反复优化有密切关系。如绥化东互通，初步设计方案为主线利用现有二级公路加宽扩建，主线的纵断面线形与旧路一致，由于旧路路基较高，致使环路上跨桥梁较长、匝道路基高、占地数量大。施工图进行了方案优化，拓宽思路，提出了挖除旧路，降低旧路标高的设计方案，从而整个互通区所有匝道的高度、减少占地规模，将900m跨线桥优化至300m，降低工程造价7400万元。

4．设计了国内首个在分离断面之间设置积聚式服务区，并设计左侧流入、流出匝道

日月峡服务区是国内首次采用左进左出匝道，并利用分离断面之间的区域设计的积聚式服务区，并将服务区与日月峡旅游区互通合并建设，设计既要融合旅游发展，又要保证交通安全及出行便利，极具挑战与难度。

三、获奖情况

1．"高纬度岛状多年冻土区高速公路路基设计与施工技术研究"获得2015年度黑龙江省科学技术奖三等奖、2014年度中国公路学会科学技术奖一等奖、2013年度黑龙江省公路学会科学技术奖一等奖；

2．"寒冷地区公路平纵线形及横断面设计指标研究"获得2014年度黑龙江省科学技术奖三等奖、2012年度中国公路学会科学技术奖三等奖、2012年度黑龙江省公路学会科学技术奖一等奖；

3．"沥青玛谛脂碎石混合料（SMA）在季冻区的推广应用"、"高速公路长大纵坡路段抗车辙技术研究"获得2014年度黑龙江省公路学会科学技术奖二等奖；

4．2012年度中国公路勘察设计协会公路交通优秀设计一等奖。

冻土桥梁

绥化东互通——五彩龙江

林区生态高速——层林尽染

林区分离断面

冻土开挖施工

冻土CFG筏板桩试验段施工

冬季树木移栽施工

日月峡集聚式旅游服务区 欧陆风情

云南澜沧江小湾水电站

（推荐单位：中国大坝工程学会）

小湾特高拱坝

一、工程概况

该工程是"国家重点工程"、"国家西部大开发战略标志性工程"，位于云南省凤庆县与南涧县交界的澜沧江中游河段，系澜沧江中下游河段规划八个梯级中的第二级，是澜沧江中下游河段的控制性水库电站。由华能澜沧江水电股份有限公司投资建设，工程以发电为主，兼有防洪、灌溉、拦沙及航运等综合利用效益。

工程枢纽由混凝土双曲拱坝、左岸泄洪洞、地下厂房和右岸引水发电系统等组成。大坝坝高294.5m，坝顶弧长892.786m，坝身布置5个表孔、6个中孔和2个放空底孔，工程建设时是世界最高拱坝，也是世界上承受水荷载最大的拱坝，在设计和建设中解决了多项世界级技术难题。水库总库容150亿m^3，是澜沧江中下游河段的龙头水库，具有多年调节性能。工程边坡高达700m，大坝坝顶高程1245m，水库正常蓄水位1240m，死水位1166m，汛期限制水位1236m。电站安装6台单机700MW世界上水头最大、转速最高的混流式机组，总装机4200MW，多年平均发电量190亿kW·h，保证出力1778MW，为一等大（I）型工程。工程建成以来，历经多次正常蓄水位考验，运行状况良好。大坝最大渗流量仅2.78 L/s，为世界同类工程最优。

工程于2002年1月开工建设，2015年12月竣工，总投资370.83亿元。

二、科技创新与新技术应用

1. 创立了特高拱坝结构设计新理论，确定了合理体型，优化了大坝混凝土配合比，发明了可预防高压水劈裂的柔性防渗体系等措施，解决了特高拱坝结构安全问题，成功实现了世界特高拱坝由坝高272m到294.5m跨越。

2. 针对地震加速度0.313g的抗震安全难题，提出了新的特高拱坝抗震安全设计方法和拱坝体系整体失效的定量准则，提出了跨横缝抗震钢筋及坝顶安装减震装置等措施。成果纳入了国家规范并广泛应用于之后的众多工程。

3. 针对700m级特高边坡及坝基开挖卸荷松弛处理难题，研制出了新型锚固钻机及荷载分散型锚索施工技术，建立了三维边坡稳定下限分析方法，形成了特高边坡及坝基处理成套技术。

4. 针对大体积混凝土防裂施工和安全监控难题，提出增加中期冷却并实现了小温差、早冷却、慢冷却的施工技术，建立了特高拱坝温控标准。建立了具有预测、预警和结果三维可视等新的功能的特高拱坝安全监测实时分析系统，实现了大坝工作性态全过程实时安全监控。

5. 工程重视节能、节地、节水、节材和环境保护。通过优化开关站布置和骨料运输及加工系统，在节能的同时，节约土地1000余亩；充分利用开挖料，节约石料400万m^3；施工用水循环利用，减少用水280万m^3。工程共节约投资2.8亿元。建立了珍稀动、植物保护区和自然保护区，取得了良好的成效。

6. 工程建成以来累计发电1415亿kW·h，贡献税收90亿元，龙头水库的调节性能使下游电站每年增加电量62亿kW·h。工程经济和社会效益巨大。

三、获奖情况

1．2016年度国际大坝委员会国际里程碑工程奖；

2．针对小湾工程开展的关键技术研究“重大泄流结构耦合动力安全理论及工程应用”、“水电站过渡过程关键技术与工程实践”、“高坝动静力超载破损机理与安全评价方法”、“高混凝土坝结构安全关键技术研究与实践”等4项成果获得国家科学技术进步奖二等奖；

3．“高拱坝时空特性演化机理及监控体系研究”、“小湾水电站工程右岸坝肩600m高边坡稳定性及工程处理措施研究”、“小湾电站高拱坝大流量泄洪消能关键技术研究”、“高拱坝地震应力控制标准和抗震结构工程措施研究”等4项成果获云南省科技进步奖一等奖；

4．“大型水电机组故障诊断与优化控制关键技术及应用”、“水利水电工程岩体开挖卸荷效应研究及其工程应用”、“特高拱坝安全关键技术研究及工程应用”、“特高拱坝强度、稳定性与安全评价的理论与实践”等4项成果获中国水力发电工程学会水力发电科学技术一等奖；

5．2016年度中华人民共和国水利部国家水土保持生态文明工程；

6．2012年度云南省住房和城乡建设厅优秀工程设计一等奖；

7．2009年度云南省住房和城乡建设厅优秀工程勘查一等奖；

8．2013年度云南省建筑业协会优质工程一等奖；

9．2016～2017年度中国施工企业管理协会国家优质工程金质奖。

引水发电系统进水口

小湾边坡开挖工艺被谭靖夷院士称为"艺术品"

小湾特高拱坝泄洪全貌

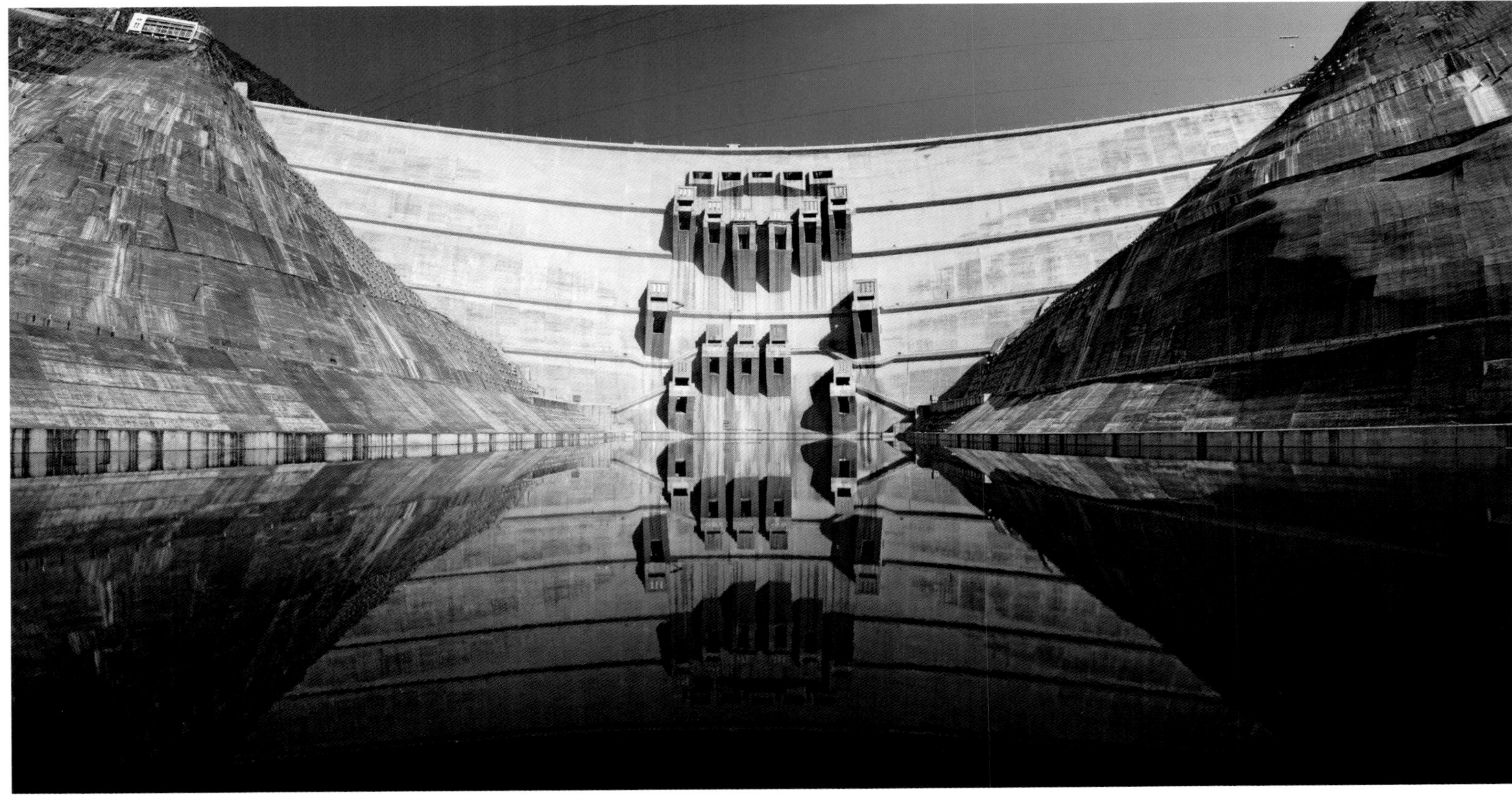

雄伟的小湾特高拱坝庐山真面目

高坝大库

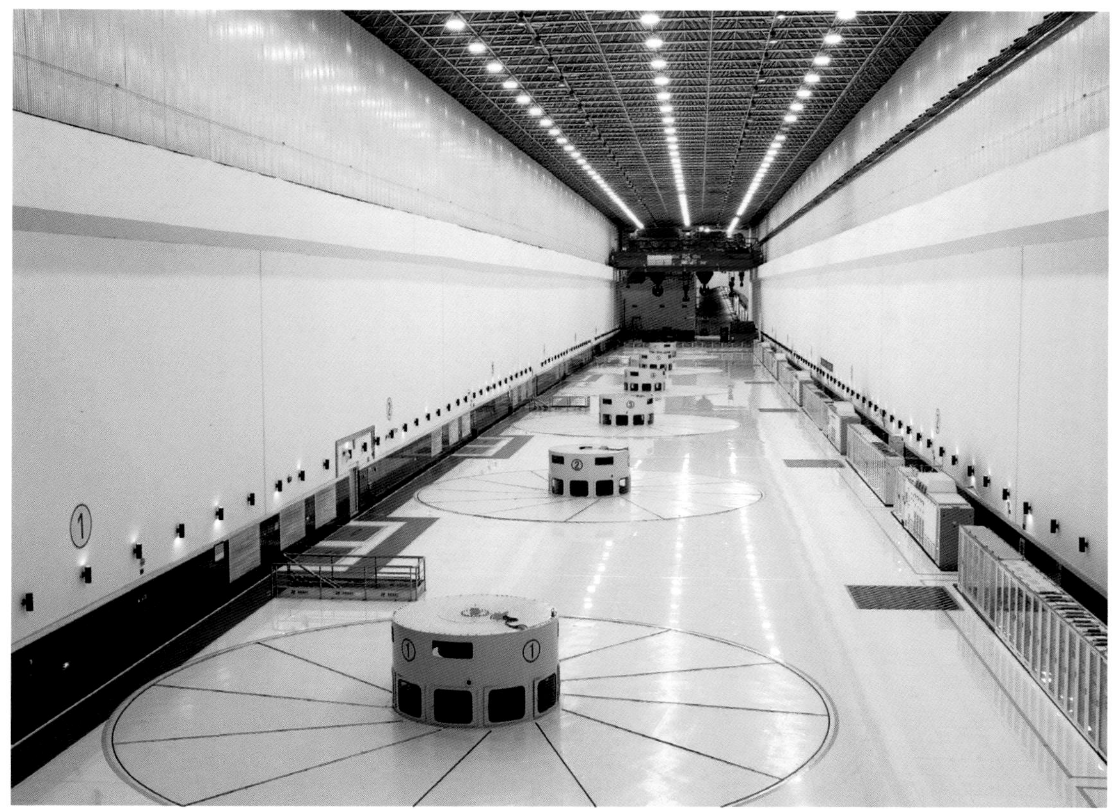

安装有6台单机700MW混流式机组的地下厂房

当今世界单机容量700MW级水头（87m）最大、转速（*nr*=150r/min）最高的水轮机

璀璨灯光下的小湾水电站夜景

四川雅砻江锦屏二级水电站

（推荐单位：中国大坝工程学会）

锦屏二级水电站闸坝

一、工程概况

锦屏二级水电站位于四川省凉山州雅砻江上，总装机容量4800MW，属一等大（I）型工程，单机容量600MW，额定水头288m，多年平均发电量242.3亿kW·h，是我国“西电东送”的骨干工程，为目前世界埋深最大、规模最大、建设条件最复杂的长引水式电站。

工程枢纽主要由首部低闸、“四洞八机”的引水系统及尾部地下厂房三大部分组成，其中四条引水隧洞单洞长16.7km，洞径12.4～14.6m，73.1%洞段埋深超过1500m，最大埋深2525m。工程建设面临2500m级超深埋隧洞开挖、强岩爆破坏与千米级水头超高压突涌水危害处理等世界级技术难题，通过技术创新，创造了隧洞群开挖月进尺3300m、58个月全部贯通的世界纪录。

工程于2007年1月30日正式开工，2012年12月投产发电，2016年1月枢纽工程通过竣工验收，总投资380.56亿元，

二、科技创新与新技术应用

1．构建了以围岩为承载主体，集快速支护、多重灌浆承载圈、薄型衬砌和减压孔于一体的新型隧洞结构体系，解决了100MPa级地应力和10MPa级外水压力耦合作用下隧洞成洞与安全运行的世界级难题。

2．建立了“超前微震监测+诱导释放能量+分序强化围岩”的岩爆风险预警与防控体系，攻克了100MPa级超高地应力强烈岩爆下隧洞安全施工难题，保证了111次强烈岩爆条件下的施工安全。

3．研发了“多尺度递进识别+堵排控有机结合”的超大流量突涌水预警与防治成套技术，解决了千米水头级超高压、最大流量7.3m^3/s突涌水情况下的施工技术难题。

4．提出了大流量长隧洞高压引水发电系统机电一体化瞬变流计算方法，创新了长引水发电系统机电一体化水力设计方法和调控体系，建造了世界规模最大差动式调压室，将机组运行调节间隔时间由120min缩短到15min之内，实现了大流量长引水式电站的灵活安全运行。

5．工程建设注重绿色施工和环境保护，优化节约混凝土100万m^3，利用洞挖渣料450万m^3。建设了鱼类增殖放流站，已放流鱼苗760万尾。持续保持生态流量泄放，维持了雅砻江锦屏大河湾的生态环境。

6．依托本工程及其关键技术建设的锦屏地下实验室，是目前世界上岩石覆盖最深、体量最大、宇宙线通量最小、基础设施最完备的暗物质实验室。

三、获奖情况

1．2015年度世界工程组织联合会（WFEO）Hassib J.Sabbagh杰出工程建设奖；

2．针对锦屏工程开展的关键技术研究“隧道含水构造等不良地质超前预报定量识别及其灾害防治关键技术”、“硬岩高应力灾害孕育

过程的机制、预警与动态调控关键技术”、“隧道与地下工程重大突涌水灾害治理关键技术及工程应用”、“锦屏二级超深埋特大引水隧洞发电工程关键技术”4项成果获得国家科学技术进步二等奖；

3．“锦屏二级水电站深埋长大水工隧洞群建设关键技术”获得中国水力发电工程学会水力发电科学技术特等奖；

4．“复杂大型洞室群稳定性快速动态反馈分析与闭环优化设计方法”、“锦屏二级水电站深埋隧洞群岩爆分析、监测与预警方法研究”2项成果获得中国岩石力学与工程学会科技进步特等奖；

5．“深埋高外水压力水工隧洞关键技术研究及应用”获四川省科技进步一等奖；

6．“深埋高水头水工隧洞围岩稳定控制关键技术”获国家能源局国家能源科技进步一等奖；

7．“雅砻江流域水电生态环境保护关键技术研究及应用”获中国水力发电工程学会水力发电科学技术一等奖；

8．“深埋水工隧洞重大地质灾害风险识别关键技术及应用”获中国岩石力学与工程学会科技进步一等奖。

已建成投产的锦屏二级水电站地下厂房

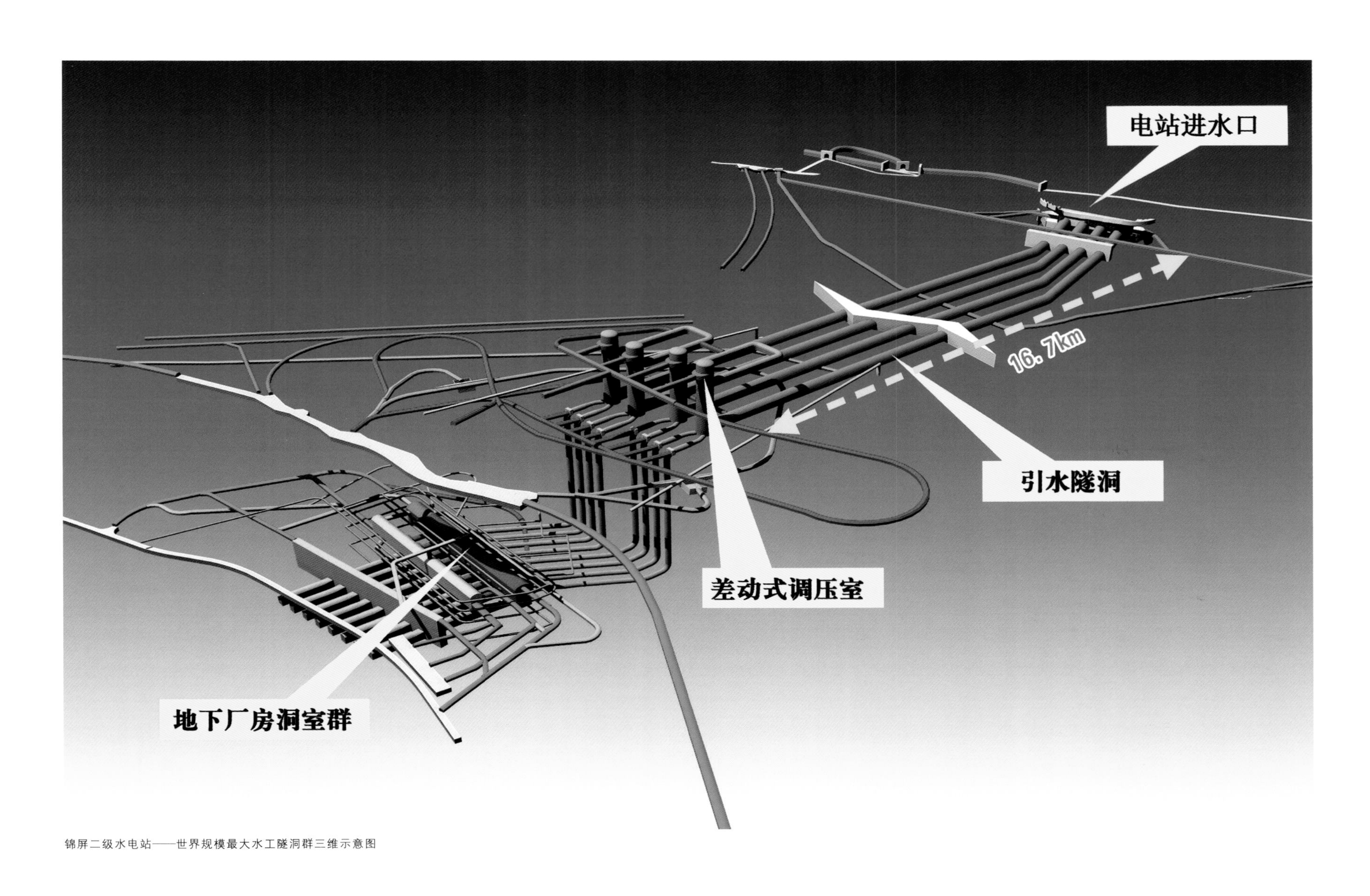

锦屏二级水电站——世界规模最大水工隧洞群三维示意图

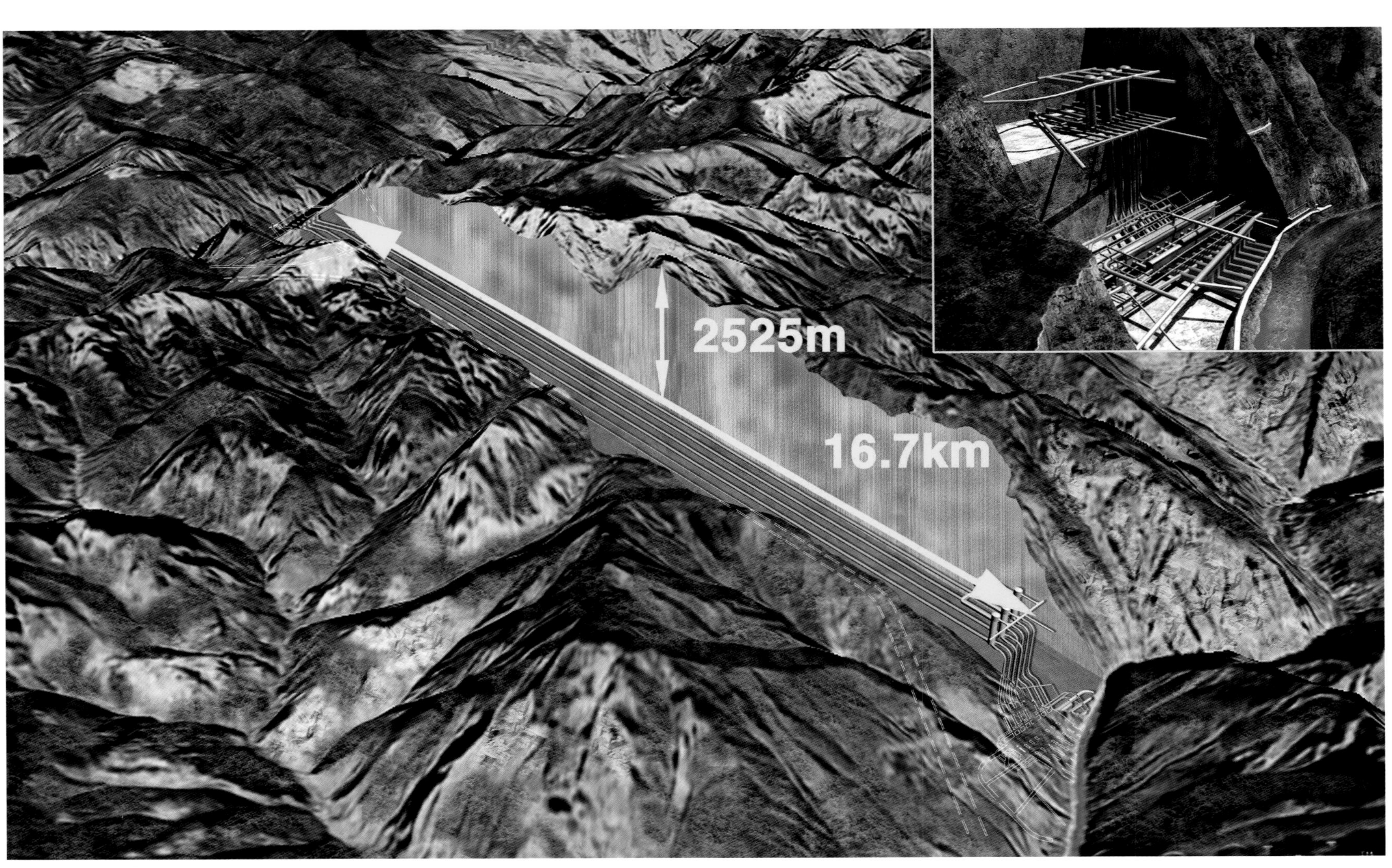

锦屏山剖面示意图

锦屏二级水电站进水口

锦屏二级水电站施工砂石料长距离皮带输送系统

锦屏二级水电站闸坝消力池

雅砻江锦屏·官地水电站鱼类增殖放流站鸟瞰

锦屏二级水电站引水洞硬岩掘进机（TBM）步进

锦屏地下暗物质实验室

锦屏二级水电站硬岩掘进机（TBM）掘进

锦屏地下暗物质实验室

连云港港30万吨级航道一期工程

（推荐单位：中国交通建设股份有限公司）

连云港港30万吨级航道一期工程连云港航道

一、工程概况

连云港港是处于“一带一路”交汇点的国家级枢纽港。连云港港30万吨级航道工程是我国投资规模最大的沿海航道工程之一，是世界上规模最大的淤泥浅滩深水航道。

一期工程建设连云港区航道25万吨级航道长52.9km，新开辟徐圩港区10万吨级航道长24.9km。疏浚工程量1.5亿m^3，围堤长17.6km，利用疏浚土吹填形成港区陆域12km^2。

一期工程肩负着攻克关键技术问题，支撑最终规模建设的使命。开展了国家863科研“开敞海域淤泥质浅滩深水航道建设关键技术研究”等一系列研究，攻克了岸滩稳定性、航道回淤、总体设计、疏浚施工、围堤结构等关键技术难题，有力地支撑了一期工程实施，同时为30万吨级航道的建设扫清了技术障碍，为我国开敞海域淤泥质浅滩“浅水深用”建港提供了有力的技术支撑和成功范例。

工程于2011年3月开工建设，2016年4月竣工验收，总投资38.2亿元。

二、科技创新与新技术应用

1．通过对开敞海域淤泥质浅滩深水航道岸滩稳定性和航道回淤研究，在理论上攻克了制约开敞海域典型和邻近沙嘴淤泥质浅滩“浅水深用”的核心技术问题，并在实践上得到了成功应用和检验。

2．通过对排水板+充填袋和抛石组合堤心斜坡堤技术开展重大技术改进创新，首次开发了760g/m^2高强机织布加筋砂被新技术和斜坡堤堤心内“Z字形”新型反滤结构，石料用量减少700万m^3，砂料用量节省70%以上，并得到大规模推广应用。

3．首次揭示爆破挤淤堤内侧反滤结构失效机理，提出基于反滤压载与内外水位差静力平衡原理的爆破挤淤堤内侧反滤新技术，彻底攻克了爆破挤淤堤内侧吹填漏泥这一困扰业界20多年而未能解决的技术难题，填补了行业技术空白。

4．在航道总体设计上，创新港航衔接设计技术，优化港航衔接及口门段布置；航道主尺度采用“变水深、变宽度、变边坡”的理念，降低工程投资，提高航行安全度；航道分阶段建设、投产、回淤观测，实现航道建设、港口生产与科研的紧密结合。

5．自主设计研制并建造了国内最大的3500m^3/h接力泵船，实现高浓度泥浆在密闭的超长排距大口径管道中连续输送，具有能耗低、效率高和环保效果好的特点。

6．首次开发了大型绞吸船横移速度优先、挖吹坚硬黏土等施工技术，充分发挥了挖掘设备的施工效率。

三、获奖情况

1．“淤泥质浅滩深挖槽水沙特征及淤积预报关键技术研究”获得2015年度中国水运建设行业协会科学技术一等奖；

2．“超长排距大型绞吸船与接力泵船串联施工技术研究”获得2012年度中国水运建设行业协会科学技术二等奖；

3．“连云港深水航道岸滩稳定性及回淤研究与实践”获得2015

年度中国航海学会科学技术一等奖；

4．"连云港港30万吨级航道工程超软地基新型围堤结构关键技术研究"获得2016年度中国航海学会科学技术二等奖；

5．2017年度中国水运建设行业协会水运交通优秀设计二等奖；

6．2014年度江苏省住房和城乡建设厅江苏省优质工程奖"扬子杯"；

7．2014年度江苏省交通运输厅江苏省交通建设优质工程奖；

8．2016年度江苏省交通运输厅"十二五"江苏交通建设"品牌工程"。

耙吸船施工

围堤工程

绞吸船吹填施工

大型船舶通航进港

沙特达曼SGP集装箱码头一期工程

（推荐单位：中国土木工程学会港口工程分会）

达曼港效果图

一、工程概况

沙特达曼SGP集装箱码头一期工程是通过现汇市场竞标获得。业主是新加坡港务局（PSA）控股的沙特环球港口公司，工程咨询是AECOM。工程建设地点位于沙特东部省达曼市阿卜杜勒阿齐兹国王港，该港濒临波斯湾西侧，近巴林岛西北端，是波斯湾最大及沙特第二大港口。本项目为整体规划的一期工程，主要工作内容包括一期工程的设计、700m重力式码头岸线施工，总长约800m的护岸施工，45万m^2后方陆域吹填和地基处理、集装箱堆场、RTG跑道和交通道路施工，以及相关的地下管网设施，包括供电、给水、排水、污水和消防等系统的施工，另外还包括18栋房建单体设施的修建等。一期工程建成后可靠泊15万吨级超巴拿马级集装箱船舶，并具备年吞吐量90万标准箱的能力。

工程于2012年7月开工建设，2015年3月竣工，总投资11.64亿元。

二、科技创新与新技术应用

1. 首个在中东现汇市场独立报批完成的大型综合性专业化集装箱码头项目。EPC文件管理创新，减少设计方案反复；有效控制文件报批风险；确保按期完成文件报批工作。

2. 在超大型深水码头中，因地制宜的采用装配式小尺寸空心方块码头结构，并通过设置双层卸荷板减小断面尺寸，优化码头受力状态，实现水工结构形式创新。为降低码头结构工后沉降，在胸墙浇筑前对主体结构进行堆载预压，开创当地施工方案先河。

3. 设计团队通过对比中外标准在方法、参数、结果判定等方面的差异，并结合施工工艺在堆载预压、地基处理、房建工程等单项工程上进行大量技术创新，完成了一批高质量的创新成果，并为项目创造出可观的经济效益。

4. 沙特施工、采购配套条件较差，项目物资采购和人员调遣困难。项目部把总工期细分为十几个分区交工的工期节点，满足业主的交工需求。在设计优化、文件报批、工程管理等方面采取了一系列措施，各分区均按期交付业主，成功化解项目成本风险。

5. 管网综合中采用管廊带和竖向井设计理念，极大程度减少了管道上方埋土厚度，降低了工程造价。污水管网混凝土结构在分段现浇混凝土施工时，采用新型遇水膨胀橡胶止水带材料，在保证质量的同时提高了工效。

6. 本项目生产生活辅助建筑物众多，其中综合管理大楼、海关楼和候工楼的钢筋混凝土结构设计方案最终采用装配式（预制）建筑。大量的建筑部品由车间生产加工完成，现场大量的装配作业，大大减少现浇作业，符合绿色建筑的要求，极大加快了施工进度。

7. 在EPC项目管理、设计和施工组织管理中坚持“绿色环保”理念。在陆域吹填过程中，采用帷幕技术，有效减小了疏浚回填过程中细颗粒在水体中的扩散范围及浓度，满足当地高标准的环保要求。同时在施工图设计、建筑材料选取、施工组织流程管理中也坚持“绿色环保”理念。

8．在中东现汇市场中，与业主新加坡港务局就工程变更及索赔商务洽谈成功，成功使得项目扭亏为盈。本项目的顺利实施将进一步推动中国-沙特在交通基础设施领域的互信合作和推动“一带一路”战略在沙特落地。

三、获奖情况

2017年度中国施工企业管理协会工程建设项目优秀设计成果一等奖。

达曼港全景

CFS集装箱中转站

STP污水处理站

码头一角

项目道路堆场区域

上海市轨道交通11号线工程

（推荐单位：上海市土木工程学会）

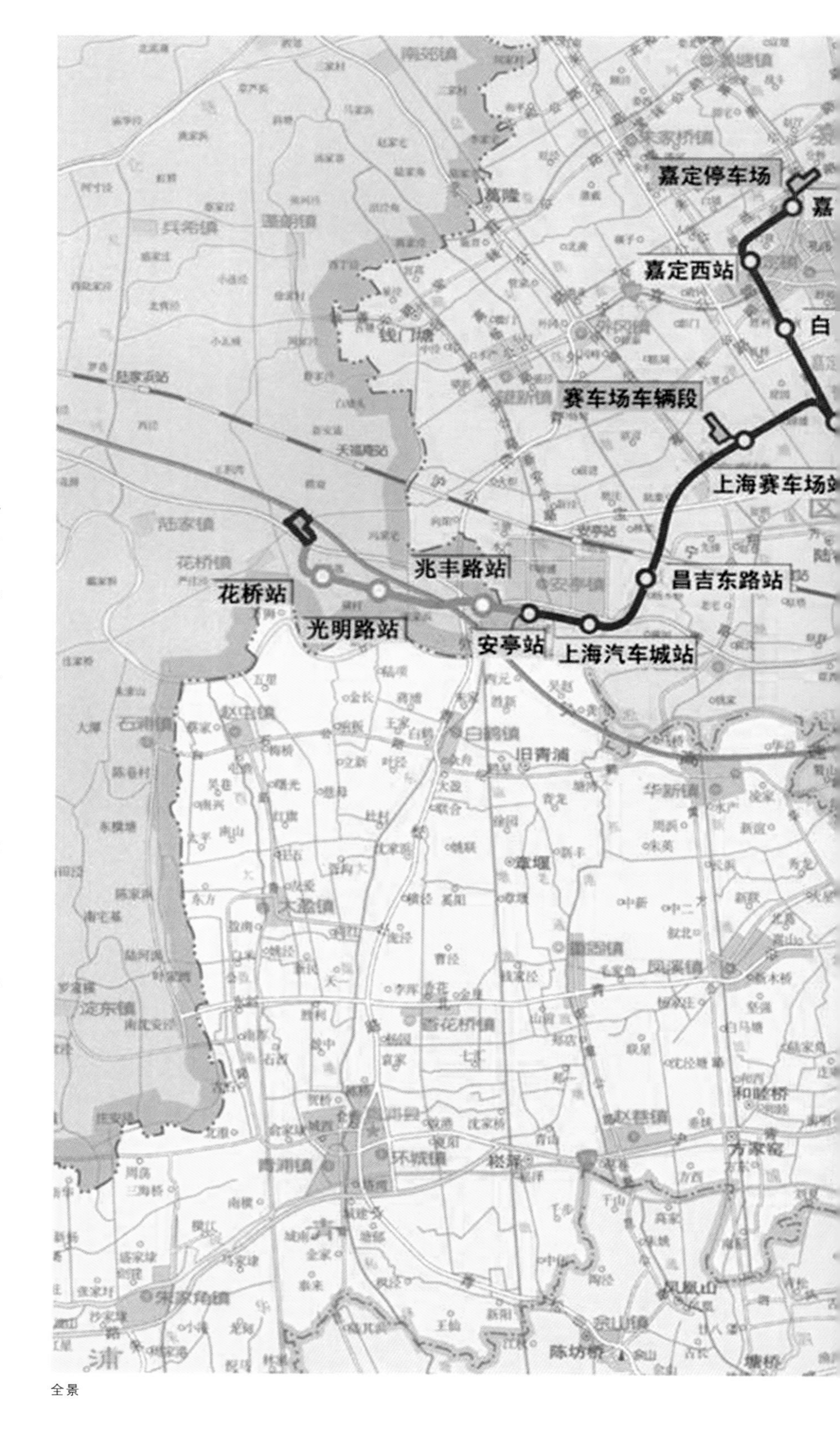

全景

一、工程概况

上海市轨道交通11号线是上海市轨道交通网络中4条市域线路之一，呈“Y”形平面分布，主线起于嘉定北站、支线起于江苏省昆山市花桥站、接轨于嘉定新城站，线路终于浦东新区迪士尼站。线路总长82.38km，其中地下线42.10km，地上线40.28km，设车站40座、车辆基地3处、设控制中心1处、设110/35kV地面及地下主变电所各一处。

工程针对跨省长大线路带来的运营与建设管理模式、车站设计、地下区间、综合开发、高架桥梁等建设难题进行了系统的科学研究，在新理念、新系统、新技术、新工艺、新设备等方面形成了技术创新并应用于工程实践，成果经中国科学院上海科技查新咨询中心鉴定，总体水平达到国际先进。

工程于2007年3月开工建设，2015年12月竣工，总投资372.05亿元。

二、科技创新与新技术应用

1．首次在国内市域轨道交通中采用主支线贯通及多交路分段运营组织技术，研发最高运行时速100km的接触网供电A型车，实现长大距离跨省轨道交通运营，单线里程数创世界之最。

2．首次建立了跨省级行政区轨道交通项目规划设计、建设、运营及投资管理模式，实现了上海市与江苏省轨道交通的互联互通，有力推动了长三角交通与经济一体化。

3．首创利用既有地下空间建设轨道交通枢纽的成套设计与施工技术：既有地下空间改造建设地铁车站设计施工技术，低净空地下空间内暗挖加层技术，软土地质条件下微扰动旋喷桩加固技术，为今后既有地下空间改造建设轨道交通车站提供强有力的技术支持，节约城市土地资源。

4．首创穿越千年砖木斜塔的盾构微扰动成套技术，发明了高承压含水区盾构进出洞抗风险装置及超缓凝韧性封堵材料，实现推进过程中古塔沉降毫米级控制，提升了城市轨道交通穿越历史建筑的施工技术。

5．首创敞开类轨道交通地下车站新型式，研发了成套全息纳米智能隔断技术，有效解决了爆发性大客流有序组织集散的难题，具有良好的节能效果，为后续轨交车站探索新的方法、技术和手段。

6．面对线路跨越沪宁高速公路的难题，研发了大吨位钢球铰轨道交通节点平转法桥梁设计施工技术，创造了国内轨道交通平转桥段长度和重量之最。

7．首创“高架车站垂直开发、地下车站平面拓展”的点线面多维度连接方式，形成了轨道交通与周边地块一体化开发规划建设实施及预留技术，实现了沿线80万m^2的立体化轨道交通城市综合体开发。

8．首次建立光伏系统与轨道交通停车库相结合的设计与施工技术，研发了35kV非晶合金干式变压器和正弦交流电同步汇网技术，建成10MW光伏发电示范项目，为同类型项目提供强有力的技术支撑。

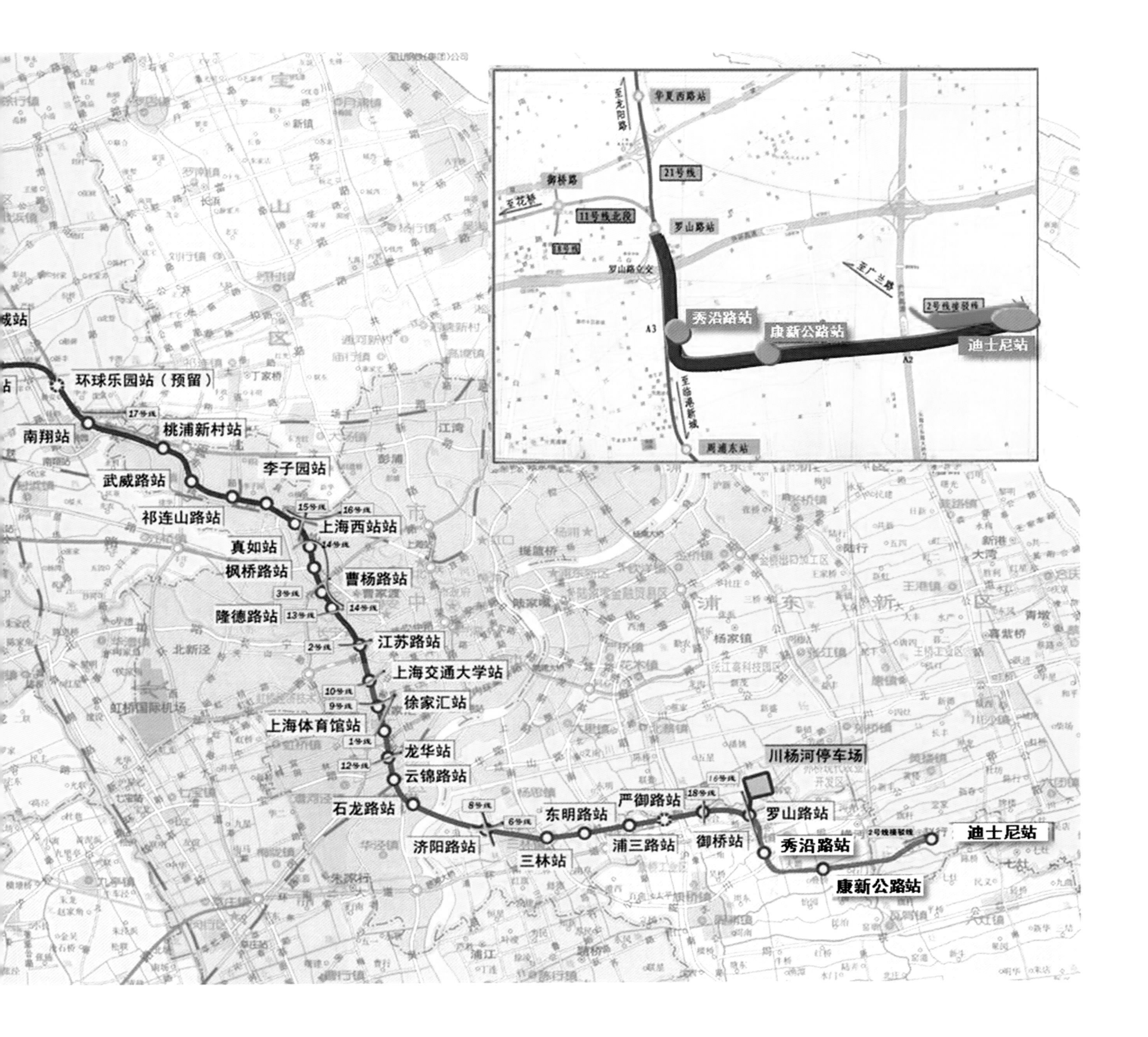

三、获奖情况

1．"城市高密集区大规模地下空间建造关键技术及其集成示范"获得2016年度国家科学技术进步二等奖；

2．"利用既有结构开发地下大空间新技术"、"自适应支撑系统基坑变形控制技术及成套系统设备研究与应用"获得2011年度上海市科技进步二等奖；

3．"软土深大基坑微变形控制工艺技术体系创新及成套装备"获得2017年度上海市科技进步二等奖；

4．2017年度中国勘察设计协会全国优秀工程勘察设计行业奖优秀市政公用工程轨道交通一等奖；

5．2017年度上海市勘察设计行业协会上海市优秀工程设计一等奖；

6．2015年度中国市政工程协会全国市政金杯示范工程。

全景

花桥收费站

全景

Y字形分叉

徐汇区地下通道

上海赛车场

转体施工法

光伏发电

TOD 带动周边发展

龙华寺

深圳市轨道交通7号线工程

（推荐单位：中国土木工程学会轨道交通分会）

一、工程概况

深圳市城市轨道交通7号线工程是深圳市轨道交通三期工程的重大项目之一，线路横跨南山、福田、罗湖三大中心区的主要居住区与就业区，对完善深圳市轨道交通网络、带动沿线经济发展、方便市民出行具有重要意义。

深圳市城市轨道交通7号线起于南山区西丽湖站，终于罗湖区太安站，采用地下敷设方式，线路全长30.2km，共设车站28座（其中换乘站12座，三层站14座），新建深云车辆段、安托山停车场各一处，全线设西丽、侨城东、体育北三座主变电所，同步实施深圳市轨道交通网络运营控制中心（NOCC）。7号线车辆采用A型车6列编组，最高运行速度为80km/h。

工程于2012年10月23日正式开工，2016年7月6日全线通过竣工验收，总投资257.2亿元。

安托山停车场

二、科技创新与新技术应用

1. 创建了繁华商业区超大规模地下空间与地铁车站合建及既有车站扩建施工技术，攻克了超宽管线群下大倾角基岩、入岩深度大的地连墙施工技术难题，攻克了运营车站扩建条件下桩基的受力转换及新旧车站结构共同受力体系，确保了运营安全。

2. 首次建立了极小净距重叠盾构隧道同步下穿既有高速铁路多重近接控制技术，研制了上下盾构隧道可同步施工的移动式支撑台车，形成了重叠盾构隧道"先下后上准同步"工法，实现了高铁不减速运营条件下2m净距重叠盾构隧道下穿高铁轨道群的成功案例。

3. 提出了矿山法隧道下穿、侧穿建构筑物及盾构先导洞冷冻法扩挖施工新技术，确保了盾构先导洞冷冻法扩挖的施工安全。

4. 研发形成了地铁快速铺轨成套技术，可缩短月铺轨时间5d，铺轨速度提高60%。

工程从2016年通车运营以来，运行良好，成功实现通过地铁建设带动城市整体功能升级与改造，取得了显著的社会、经济效益。工程获国家优质工程金质奖及多项科学技术奖、专利授权64项（发明专利5项）、省部级工法55项、发表论文150篇、出版专著4部。

三、获奖情况

1. 2016年度深圳市勘察设计行业协会第十七届深圳市优秀工程勘察设计评选（轨道交通工程设计）一等奖；

2. 2016～2017年度中国施工企业管理协会国家优质工程金质奖；

3. 2015年度广东省建筑业协会广东省优质结构工程；

4. 2018年度深圳建筑业协会深圳市优质工程奖。

深云车辆段

轨道交通网络运营控制中心（NOCC）

NOCC调度大厅

华强北站

区间隧道及轨道

洪湖站

轨道及道岔

长沙磁浮快线工程

（推荐单位：中国土木工程学会轨道交通分会）

长沙磁浮快线——“空铁联运”综合交通枢纽

一、工程概况

长沙磁浮快线连接长沙黄花国际机场和长沙高铁站，线路全长18.55km，线路设计最高运行速度100km/h、运营速度100km/h、平均旅行速度62km/h。它是国内首条中低速磁浮商业运营线，也是世界上最长的中低速磁浮商业运营线。

长沙磁浮快线列车采用3节编组，常导短定子直线感应电机牵引，依靠悬浮支承与导向实现列车“零高度飞行”，悬浮控制系统合理匹配，满足安全舒适运行。轨排采用F轨毛坯二次机加工组装工艺，由F型钢、感应板和H型钢轨枕通过连接件组成。道岔采用“三段定心式”结构，由一根主动梁和两根从动梁通过机械关节连接而成，全线设有单开、三开两类共9组道岔，牵引供电制式采用在走行梁两侧绝缘敷设的DC1500V 正极轨授电、负极轨回流方式。

工程于2014年5月开工建设，2016年3月竣工，总投资42.9亿元。

二、科技创新与新技术应用

长沙磁浮快线是我国第一条中低速磁浮商业运营线，也是目前世界上四条运营线中最长的一条，它的建成和运营标志着我国自主知识产权的中低速磁浮系统已实现工程化应用。主要创新点有：

1．攻克了中低速磁浮列车大系统集成技术，搭建了中低速磁浮列车系统一体化技术平台，打破了国外技术垄断，填补了我国中低速磁浮车辆工程化和产业化运用领域的空白。

2．创新了高精度要求的中低速磁浮设计、建造技术，保证车、轨、梁、接触轨四者位置关系的高精度匹配，满足了国内三家高校悬浮控制技术适用于车-轨-梁-房耦合关系的严苛要求、解决了系统工程化应用过程中的技术难题。

3．创新运用动力仿真计算等手段，确立了桥梁、低置结构刚度、自振频率、工后沉降控制标准，各种跨度桥梁轨道接头标准，轨道铺设精度及接触轨安装精度控制技术，确保列车满足悬浮间隙在±2mm范围内波动，乘客乘坐平稳舒适。

4．运用模糊控制算法减振器技术解决了磁浮车辆经过道岔区振动较大的难题；在线路大桥桥梁地段，采用Ⅲ型轨道接头技术，使得F形轨缝控制在20mm范围内，确保悬浮控制运行条件下列车安全运行。

5．首次通过在列车底部加装模拟车轮的涡流传感器，并创新多普勒雷达、加速度计融合算法，形成了独特的中低速磁浮测速、定位方案。

6．搭建了集投资、设计、建设、运营于一体的中低速磁浮交通系统产业链，完善了完整的中低速磁浮交通系统设计、建设、验收和运营的成套技术标准体系，为我国城市轨道交通系统创立了一种新的系统制式。

7．利用中低速磁浮系统技术最小转弯半径可达50m、列车爬坡能力可达70‰、噪声小、无辐射等方面的优势，长沙磁浮快线灵活选线，沿城市道路、高速公路绿化带敷设线路，大幅减少工程拆迁量，有效地节约了不可再生的土地资源。

三、获奖情况

1．"长沙磁浮快线科技工程成套系统技术研发与工程化应用"获得2017年度湖南省科技创新奖；

2．2017年度湖南省勘察设计协会湖南省优秀工程设计一等奖。

开往机场站

长沙磁浮快线㮾梨站

磁浮列车过磁浮榔梨站前弯道（转弯半径100m）

长沙磁浮快线下穿沪昆高铁

长沙磁浮灵活、快线穿梭于居民区

长沙磁浮快线线路利用市政绿化带航拍图

深圳福田站综合交通枢纽

（推荐单位：中国铁道建筑有限公司）

全景

一、工程概况

该工程位于深圳市福田中心区，深南大道与益田路交叉口，是世界第二、亚洲最大、全世界列车通过速度最快、国内首座位于城市中心区，以高铁车站为核心，集高铁、地铁、公交和出租车等多种交通方式为一体的全地下现代化综合交通枢纽。由广深港高铁福田站、地铁2号线、3号线、11号线福田站、地下人行"城市客厅"、公交场站、出租车场站及配套商业设施组成，是深圳市重要的轨道交通换乘中心，是深（圳）（香）港一体化的最重要的交通基础设施，总建筑面积299432m^2。

工程枢纽南北长1023m，东西长712m，建筑结构类别Ⅰ类，建筑合理使用年限100年，建筑防水等级Ⅰ级，防火等级Ⅰ级，列车通过速度200km/h。客流通道上，国内首次采用横向21.46m+18.2m+18.2m连续柱跨，纵向12m（最大13m）连续柱跨的地下柱网结构，柱轴力最大为82600kN，采用钢管混凝土柱与型钢混凝土梁组合的框架结构及独特的节点设计，柱直径1.6m，梁高2.5m。枢纽内地铁2号线、11号线车站为平行布置的两个13m宽岛式站台，首次运用单柱形式，站厅层只有4跨3排柱，柱距均匀。纵向柱跨为9m，板跨为8.95m、10.55m，跨度均匀合理。工程广深港福田站主体为地下三层结构，紧邻十多栋超高层大楼布置（离建筑物最近距离仅12m）。基坑全长1023m，最宽处78.86m，平均深度32.0m，为大跨度、超长、超深、长高比大的深基坑工程。盖挖逆作法立柱施工采用干作业法吊装直径1.6m，长30m钢管柱，施工中柱位偏差小于±2mm，远小于规范要求的5mm，钢管柱身垂直度小于1/1500，远小于规范要求的1/600。

工程于2008年8月开工建设，2015年12月竣工，总投资57.79亿元。

二、科技创新与新技术应用

1. 首创在城市中心建成区，以地下高铁车站为核心，以城市轨道交通、城市公交和出租车换乘为翼面，面向大客流快速疏散的规划理念，建立多维度多层次立体交通格局，构建了人行、机动车、非机动车全面分流的互联互通全地下城市交通系统。

2. 国内首次突破超长混凝土结构和超大跨劲性结构施工技术瓶颈，建造全地下超长（1023m）不设缝一体化混凝土结构，创新超大跨度地下空间劲性结构体系，构建人性化大体量城市地下公共空间。

3. 首次攻克上软下硬复合地层超高层建筑群近接保护和变形控制技术，开发超大超长钢管柱逆作精准定位等关键技术，形成以信息化施工为核心指导，多工法综合相机利用与复杂外部环境相适应的超大超深基坑施工成套技术。

4. 原创性地研发了满足1700Pa（15级台风）风压冲击和多达56种列车运营工况需求的站台门及其控制系统，形成了严苛运营工况条件下高速列车运营环境安全保障关键技术。

5. 于地面绿化带中主动利用自然采光天窗，将大量自然光线引入地下；于枢纽的南侧和东侧设置地下采光庭院，将自然景观引入地下，构建绿色、开放的地下空间环境。

三、获奖情况

1. 2017年度国际咨询工程师联合会菲迪克（FIDIC）优秀工程项目奖；

2. 2015年度国际隧道协会首届工程大奖提名奖；

3. 2017年度“香港建筑师学会两岸四地建筑设计论坛及大奖”卓越奖；

4. “高铁/城际铁路站台关键装备集成创新与应用”获得2017年度湖北省科学技术进步奖一等奖；

5. “城市中心区大型多层地下结构施工综合技术研究”获得2013年度河南省科学技术进步奖二等奖、洛阳市科学技术进步奖一等奖；

6. “城市中心区大型多层地下结构施工综合技术研究”、“高速铁路站台门关键技术研究及工程应用”分别获得2012年度、2016年度中国铁道学会铁道科技奖二等奖；

7. 2017年度湖北省勘察设计协会湖北省优秀工程勘察设计行业奖二等奖；

8. 2016年度深圳市勘察设计行业协会第十七届深圳市优秀工程勘察设计建筑工程设计一等奖；

9. 2015～2016年度国家铁路局铁路优质工程一等奖；

10. 2011年度深圳建筑业协会深圳市优质结构工程奖。

全景

枢纽地铁2号线、3号线、11号线车站站厅付费区

枢纽地下一层"城市客厅"

采光天窗

深圳福田站综合交通枢纽施工全景

中国–中亚天然气管道工程

（推荐单位：中国土木工程学会燃气分会）

管道下沟

一、工程概况

该工程是我国第一条引进境外天然气资源的陆上能源管道。

管道起点位于土库曼斯坦-乌兹别克斯坦边境的格达伊姆，终点位于中国新疆的霍尔果斯，A/B双线并行敷设，单线长度1833km，其中乌兹别克斯坦境内529km，哈萨克斯坦境内1300km，中国境内4公里。全线采用1067mm钢管154万吨，设计压力9.81MPa。全线设置压气站8座、计量站3座，调控中心2座。该项目气源来自土库曼斯坦，在30年运营期内，将通过该管道每年向中国供应300亿m^3天然气。

该工程与国内西气东输二线相连，供气范围覆盖全国23个省、市、自治区，受益人口达5亿人。中亚进口天然气，进一步满足了国内快速增长的天然气市场需求，提高了供气的安全性和可靠性。项目建成后可减少二氧化碳排放1.3亿t，减少二氧化硫排放144万t，为提高我国清洁能源利用水平、促进节能减排、改善民生做出了重大贡献。

该工程于2008年7月开工建设，2009年12月A线建成通气，2010年10月B线投产，2012年10月全线达到设计输送能力。

二、科技创新与新技术应用

1．首次在中亚地区应用抗震校核与基于应变设计方法，并采用RTTM（基于瞬变流的实时模型法）线路泄漏检测方法，保障管道运行安全。

2．首次引入基于可利用率和可靠性设计方法进行压缩机组配置方案分析，提升水力系统运行的可靠性；成功实现了不同机组搭配运行及多机组联合控制方式，解决了管道运行阶段输气量不均匀的难题。

3．首次在中亚地区采用遥感数据和ARCGIS平台进行线路设计和路由选线优化。在乌兹别克斯坦、哈萨克斯坦首次推行螺旋焊缝管应用。

4．首次采用了较为灵活的大型燃驱机组独立厂房设计方案，减少公用系统故障造成全站压缩机组停运的发生，提高了压缩机组及管道系统的安全性。

5．开创性地将CRC内自动根焊技术和半自动焊技术相结合，自行研究开发了“内焊+半自动焊”技术，使管道焊接速度提高了1.5倍。

6．在中亚地区首次推行DLE型（干式低排放型）燃驱压缩机组，降低氮氧化物（NO_x）、一氧化碳（CO）和未燃尽的碳氢化合物（UHC）等浓度水平，实现节能环保。首次引入压缩机组余热利用方案，有效提升了管道运行能源利用效率。

三、获奖情况

1．2013年度中国石油工程建设协会石油优秀工程设计一等奖；

2．2010～2011年度国家工程建设质量奖审定委员会国家优质工程银质奖；

3．2013～2014年度中国施工企业管理协会国家优质工程金质奖。

压缩机组

乌兹别克斯坦2号站夜景

自动化焊接

管道跨越

工艺管网

上海市白龙港城市污水处理厂污泥处理工程

（推荐单位：中国土木工程学会市政工程分会）

污泥消化池西南侧立面

一、工程概况

该工程是世行贷款上海城市环境项目APL二期城市污水管理子项目，是市环保三年行动计划工程和市重大工程。工程处理对象为亚洲最大污水厂——白龙港污水厂200万m^3/d污水处理过程产生的污泥，污泥处理规模为1020t/d（以含水率80%计），是亚洲最大的污泥消化处理项目。

工程是国内首座采用消化+干化工艺的污泥处理工程；污泥经重力+离心二级浓缩后含水率降至95%，显著提高了浓缩污泥的浓度；污泥干化采用流化床工艺，出泥含固率可达90%以上；沼气处理采用湿式+干式脱硫工艺，并采用国际先进的生化技术回收沼气湿式脱硫工艺中投加的碱液；生产用水采用污水厂尾水再生工艺，最大限度节约用水；工程实现了污泥处理的减量化、稳定化、无害化和资源化。

8座单池有效容积12400m^3的卵形消化池是目前国内软土地基上建设的单体规模最大、数量最多的双向有粘结预应力钢筋混凝土卵形消化池，总体规模位居世界第一。

工程每天处理上海中心城区50%的污泥量，为实现污泥减量化、稳定化、无害化、资源化的处理处置目标发挥了极其重要的作用；工程投运至今共处理污泥量36.95万t（干基），有机物去除量达9.57万t；同时污泥消化产生的沼气作为能源回用于污泥干化处理，每年可减少约13万t的碳排放。

工程于2008年12月24日开工建设，2012年4月28日竣工，总投资7.1亿元。

二、科技创新与新技术应用

1．采用成熟的污泥稳定化处理技术，将污泥消化处理与部分干化处理有机结合，将污泥消化产生的沼气，作为干化热源——热水锅炉的燃料，实现了厌氧消化产生的沼气的资源化利用，通过消化污泥的干化，实现了污泥的进一步减量。

2．结合白龙港污水处理工艺、污泥类型和污泥特征，合理选择全过程处理工艺、厌氧消化技术参数和装备，为本工程高效运行奠定了基础。

3．结合现场实际和大型污泥厌氧消化需要，采用了8座单池有效容积12400m^3的卵形消化池，充分协调了受力条件、水力条件、外形美观需要，成为污水处理厂的标志性建筑。

4．创造性采用三承台环状基座，有效解决了卵形消化池单个体量大、荷载大、基座小、桩基布置难等难题，并首次在卵形消化池软土地基处理中应用大直径高强预应力混凝土管桩。

5．因地制宜研发适合本项目的模架施工技术，并形成自成体系的模架系统专利技术，在卵形消化池施工中，其安全性、合理性、经济性在国内同类工艺中领先，开创了8个月内一次性建成8座污泥卵形消化池主体结构的先河。

6．工程日产沼气4.5万m^3，并作为能源回用于污泥干化处理。年减少CO_2排放约13万t，符合国家节能减排和循环经济的政策要求。工程投运至今共处理污泥量36.95万t（干基）。

三、获奖情况

1．“膜法污水处理膜污染控制与节能降耗关键技术与应用”获得2017年度教育部科学技术进步奖一等奖；

2．“污泥深度减量有机质高效利用技术及示范”获得2015年度上海市科技进步一等奖；

3．“城镇污水处理厂污泥处理处置技术指南研究”获得2015年度华夏建设科学技术奖二等奖；

4．2013年度中国勘察设计协会全国优秀工程勘察设计行业奖市政公用工程一等奖；

5．2013年度上海市勘察设计行业协会上海市优秀工程勘察一等奖、上海市优秀工程设计一等奖。

污泥消化池南侧立面

污泥处理工程全景

污泥消化池东侧立面

广州市中山大道快速公交（BRT）试验线工程

（推荐单位：中国土木工程学会市政工程分会）

一、工程概况

该工程西起广州最繁忙的天河市中心，东到黄埔区，全长22.9km，设站26对，是世界第二大运力、亚洲最繁忙的BRT系统。系统总配车989辆，高峰期平均每10秒通过一辆车，最高单日客流量超过95万人次。公交车速由11km/h提高到23km/h，成功地用最少的现有资源、最短的建设时间、创建了一个占广州公交运量十分之一的快速交通系统。

工程新建路中车站26对；新（改）建天桥23座、人行隧道3座；新建与地铁连接通道2座，新建自行车停车区50处，增加护栏3.9万m；完善交通监控系统；新建智能交通、票务、安全门三大营运系统；同步完成全线综合管线网络的建设。协调沿线逾100家单位，征地300亩，拆迁房屋4100m^2，迁移煤气管线3.6km，自来水管线 12.7km、电力管线13.2km、各类通讯管线111.3km。

工程节能环保，年减少CO_2排放8.6万t，社会影响显著，成果在联合国大厅、欧盟总部展出，获联合国气候变化框架公约秘书处等机构颁发的“应对气候变化灯塔奖”、世界可持续交通奖、快速公交金牌标准、绿色低碳等多项国际奖项。工程创新技术已成功地推广到马尼拉、吉隆坡、兰州、宜昌、南宁等国内外19个城市，具有良好的可复制推广效应。

工程于2008年11月30日开工建设，2010年2月10日竣工，总投资7.24亿元。

二、科技创新与新技术应用

1．自主创新的快速公交（BRT）“快速通道＋灵活线路”的系统设计技术和运营组织模式及其关键技术达到国际领先水平，被业界称为中国原创的“广州模式”。

2．专用通道运力最高达每小时2.7万人次，日均流量达85万人次，突破了公交专用通道使用效率低的关键问题，是目前国内已建BRT客流平均容流的四倍以上，是国内目前唯一达到快速公交系统分级一级标准。

3．创新研发了BRT设计与建设的标准化、模块化、装配化的技术，形成行业规范3部、专利18项，提高了项目工程建设质量。该项目创新同向多站台自适应换乘的高效服务设计，实现了乘客灵活换乘，通过系统组织，专用道和车辆载客率大幅度提升，超过传统模式两倍。

4．实现了BRT与地铁站厅的物理整合，做到统筹建设。同时整合道路断面改造、车站、过街设施、市政管线改造，地面交通组织，交叉口交通工程优先信息设置，以及衔接道路交通组织优化。

5．以较小投资实现了日均客流大幅度增长，公交运行速度由11km/h上升到23km/h。同时改变大众出行观念，释放道路资源，社会小汽车整体提速30%，降低乘客出行成本（4.9元下降为2.9元）。减少公交出行时间（平均30min）和候车时间，改变市民出行方式。年节能减排8.6万t CO_2，对改善城市大气环境质量有显著作用。其创新技术已成为推广到国内外的19个城市。

6．创立专用快速公交车较精确定位，联合车协同调度多项技术，实现了BRT智能运营调度，改革了BRT运营管理模式。实现了统一调度、多家运营，后台清分。

三、获奖情况

1．2012年度《联合国气候变化框架公约》（UNFCCC）秘书处颁发的联合国“应对气候变化灯塔奖”；

2．2011年度世界资源研究所（EMABARQ）、交通与发展政策研究所（ITDP）等颁发的世界可持续交通奖；

3．2013年度交通与发展政策研究所（ITDP）、德国国际合作机构（GIZ）、国际清洁运输委员会（ICCT）联合颁发的BRT系统“金牌标准”；

4．2012年度英国标准协会（BSI）颁发的可持续发展——绿色低碳奖；

5．2015年度“香港建筑师学会两岸四地建筑设计论坛及大奖”运输及基础建设项目组卓越奖；

6．“广州市快速公交系统模式及建设关键技术研究”获得2013年度广东省市政行业协会科学技术一等奖；

7．2011年度中国勘察设计协会全国优秀工程勘察设计行业奖“市政公用工程”一等奖；

8．2011年度广东省工程勘察设计行业协会广东省优秀设计一等奖；

9．2017年度广东省土木建筑学会第九届广东省土木工程詹天佑故乡杯奖。

石牌桥站（近）与体育中心站（远）

岗顶站

岗顶站——站台内部

岗顶站外部环境

闸机与售检票

东圃站——平面过街进出站

学院站——天桥进出站

联合国“应对气候变化灯塔奖”

2011年“可持续交通奖”

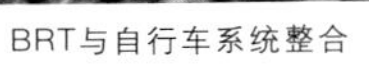
BRT与自行车系统整合

站台感应式伸缩踏步

上海市大型居住社区周康航拓展基地C-04-01地块动迁安置房项目

（推荐单位：中国土木工程学会住宅工程指导工作委员会）

上海市大型居住社区周康航拓展基地C-04-01地块动迁安置房项目全景

一、工程概况

上海市大型居住社区周康航拓展基地C-04-01地块动迁安置房项目位于浦东新区周浦镇，是上海建工发挥全产业链优势，自行投资建设的住宅建筑预制装配式项目。总用地2.45公顷，总建筑面积6.02万m^2，其中住宅建筑面积4.88万m^2，容积率2.0，绿化率35%，由6栋13～18层装配式高层住宅建筑及公共配套设施组成，共有住宅588套，设有机动车停车位306个，其中地上146个，地下160个。

项目规划设计考虑场地风环境及日照要求，合理布置住宅建筑及配套设施。住宅设计充分考虑使用空间的适宜和功能空间的完整性，套型建筑面积经济合理（48～96m^2），适应性强。

项目于2014年12月开工建设，于 2017年4月竣工，总投资5亿元。

二、科技创新与新技术应用

1. 项目采用上海建工自主研发的长效节能装配式建筑体系，并经上海市科技委鉴定通过。该体系与传统预制装配式体系相比，具有以下创新成果：

（1）国内首创PCTF体系。该体系采用预制叠合保温外挂墙板技术，实现夹心无机保温与结构同寿命。门窗与外墙在工厂预制同步完成，外墙预制板连接采用三道防水工艺，杜绝了住宅外墙渗漏的通病。

（2）国内首创高层住宅无脚手架施工技术。该技术取消了传统施工中的外脚手，实现了无外模板、无外粉刷施工，绿化、道路等室外工程可与主体结构同步施工，成为真正意义上的花园式工地。

（3）国内首创剪力墙螺栓连接技术。安全可靠、安装快捷、易于检测，并获得国家发明专利。

2. 对住宅建筑工业化建造的引领作用。作为上海市首个整街坊预制装配式小区，该项目在国家和地方政策全面推行之前，主动探索、率先实施，承载了国家和省部级科研课题6项，其中“高层住宅装配整体式混凝土结构工程关键技术及应用”获上海市科技进步一等奖。形成了装配式建筑国家标准1项，上海市地方标准5项，国家发明专利授权10项，实用新型专利授权18项。创建了上海首家由市人力资源和社会保障局认可的产业化工人培训基地和颁证机构。

三、获奖情况

1. “高层住宅装配整体式混凝土结构工程关键技术及应用”获得2016年度上海市科学技术奖一等奖；

2. 2017年度上海市建筑施工行业协会上海市建设工程“白玉兰”奖（市优质工程）；

3. 2016年度上海市建筑施工行业协会上海市优质工程（结构工程）奖；

4. 2017年度上海市安装行业协会上海市优质安装工程申安杯奖；

5. 2018年度上海市绿色建筑协会上海市二星级绿色建筑设计。

项目航拍实景

项目南立面实景

项目景观实景

项目航拍实景

项目航拍实景

上海市大型居住社区周康航拓展基地C-04-01地块动迁安置房项目无脚手架施工现场

周达路
Zhouda Rd.

“彰泰·第六园”商住小区

（推荐单位：中国土木工程学会住宅工程指导工作委员会）

全景鸟瞰图

一、工程概况

“彰泰·第六园”商住小区项目位于桂林市穿山公园内，北倚穿山，西眺小东江，周边农贸市场、小学、医院、体育馆等配套齐全，区域位置及生态环境优越。项目规划用地6.529公顷，总建筑面积8.15万m^2，其中地上建筑面积5.45万m^2，地下建筑面积2.7万m^2，住宅建筑面积占5.27万m^2。容积率（按城市规划要求）0.83，综合绿化率48%，建筑密度18.50%，由27栋3～5层住宅楼构成，共有住宅374套，机动车停车位386个。

项目于2008年12月开工建设，于2011年9月竣工，总投资1.5亿元。

二、科技创新与新技术应用

1．以漓江边的传统村落为原型，采用“村”、“园”、“院”层层递进的规划布局，使建筑群落巧妙而自然地融入穿山和小东江的自然环境之中，营造依山傍水、择水而居的现代民居村落。用丰富有致的庭院（园）空间创造出舒展开朗、层次分明又一脉相承的整体，充分体现“村中园、园中院、院中庭”的文化底蕴和精神气质。

2．多层住宅建筑因地制宜采用框剪结构体系，从而使地下空间得到了合理开发利用，套内空间灵活可变，适应不同时期住户的需要，构筑可持续居住理念。

3．采用被动式策略的绿色建筑设计。住宅间距及朝向合理舒适；利用自然风压及天然采光降低能耗；巧妙引入山中溪水，改造原有池塘，造就中心湖泊景观，形成良好的生态自体循环；采用透水砖、鹅卵石铺地，有利于雨水渗透和回收；适度的绿化、高效的绿化维护管理，达到净化空气、控制噪声的效果。

4．工程施工中总结形成《建筑工地废水循环利用系统施工工法》、《地下室底板自粘型防水卷材预铺反粘式施工工法》、《不同基底材料交接处抹灰开裂加强钢网施工工法》等，利用坡屋面形式解决屋面易渗漏问题，推广应用《建筑业10项新技术》中的9大项23小项。

5．采用页岩多孔砖外墙自保温体系、挤塑聚苯板、断桥铝合金窗、结合外饰面的木百叶遮阳等达到节能要求。

6．采用页岩多孔砖外墙自保温体系、挤塑聚苯板、断桥铝合金窗、结合外饰面的木百叶遮阳等达到节能要求。

7．应用“泰管家”信息化系统为业主服务及用于物业收费。安防及物业管理实现智能化。

三、获奖情况

1．2010年度联合国人类住区规划署全球生态宜居国际社区优秀奖；

2．2013年度中国勘察设计协会优秀工程勘察设计奖“住宅与住宅小区”一等奖；

3. 2013年度广西壮族自治区住房和城乡建设厅广西优秀工程设计一等奖；

4. 2012～2013年度中国建筑业协会中国建设工程鲁班奖；

5. 2012年度广西壮族自治区住房和城乡建设厅广西优质工程、广西优质工程小区。

中心湖景

主景观 “潜龙胡”

游园步道

景观节点"拴马石"

"园"的布局理念

图书在版编目（CIP）数据

第十六届中国土木工程詹天佑奖获奖工程集锦／郭允冲主编．—
北京：中国建筑工业出版社，2019.2
ISBN 978-7-112-23035-8

Ⅰ．①第… Ⅱ．①郭… Ⅲ．①土木工程－科技成果－中国－现代
Ⅳ．①TU-12

中国版本图书馆CIP数据核字（2018）第277525号

责任编辑：王砾瑶　范业庶
责任校对：芦欣甜

第十六届中国土木工程詹天佑奖获奖工程集锦
中　国　土　木　工　程　学　会
北京詹天佑土木工程科学技术发展基金会
郭允冲　主编

*

中国建筑工业出版社出版、发行（北京海淀三里河路9号）
各地新华书店、建筑书店经销
北京锋尚制版有限公司制版
北京富诚彩色印刷有限公司印刷

*

开本：787×1092毫米　1/8　印张：21½　字数：382千字
2019年3月第一版　2019年3月第一次印刷
定价：248.00元
ISBN 978－7－112－23035－8
（33127）